Aljoscha Ritter **Aussteifende Holztafeln**

AF545928

Aussteifende Holztafeln

Scheibenbemessung im Holzrahmenbau

Mit 41 Abbildungen, 6 Vorbemessungstabellen
und 95 Formeln

Aljoscha Ritter, M. Eng.
ist gelernter Zimmerer und als projektleitender
Bauingenieur in der Tragwerksplanung tätig.

Bibliografische Information der Deutschen Nationalbibliothek
Die Deutsche Nationalbibliothek verzeichnet diese Publikation in der Deutschen Nationalbibliografie; detaillierte bibliografische Daten sind im Internet über http://dnb.d-nb.de abrufbar.

1. Auflage 2017

© Bruderverlag Albert Bruder GmbH & Co. KG, Köln 2017
Alle Rechte vorbehalten

Das Werk einschließlich seiner Bestandteile ist urheberrechtlich geschützt. Jede Verwertung außerhalb der engen Grenzen des Urheberrechtsgesetzes ist ohne die Zustimmung des Verlages unzulässig und strafbar. Dies gilt insbesondere für Vervielfältigungen, Bearbeitungen, Übersetzungen, Mikroverfilmungen und die Einspeicherung und Verarbeitung in elektronische Systeme.

Maßgebend für das Anwenden von Normen ist deren Fassung mit dem neuesten Ausgabedatum, die bei der Beuth Verlag GmbH, Burggrafenstraße 6, 10787 Berlin, erhältlich ist.

Maßgebend für das Anwenden von Regelwerken, Richtlinien, Merkblättern, Hinweisen, Verordnungen usw. ist deren Fassung mit dem neuesten Ausgabedatum, die bei der jeweiligen herausgebenden Institution erhältlich ist. Zitate aus Normen, Merkblättern usw. wurden, unabhängig von ihrem Ausgabedatum, in neuer deutscher Rechtschreibung abgedruckt.

Das vorliegende Werk wurde mit größter Sorgfalt erstellt. Verlag und Autor können dennoch für die inhaltliche und technische Fehlerfreiheit, Aktualität und Vollständigkeit des Werkes keine Haftung übernehmen.

Wir freuen uns, Ihre Meinung über dieses Fachbuch zu erfahren. Bitte teilen Sie uns Ihre Anregungen, Hinweise oder Fragen per E-Mail: info@bruderverlag.de oder Telefax: 0221 5497-130 mit.

Satz und Umschlaggestaltung: Satz+Layout Werkstatt Kluth GmbH, Erftstadt
Druck und Bindearbeiten: Westermann Druck Zwickau GmbH, Zwickau
Printed in Germany

ISBN 978-3-87104-243-0 (Buch-Ausgabe)
ISBN 978-3-87104-246-1 (E-Book-Ausgabe)

Vorwort

Der Holzrahmenbau ist eine effiziente, material- und ressourcenschonende und seit Jahrzehnten im Holzbau etablierte Bauweise. Die innovative und technisch gut aufgestellte Holzbaubranche sollte sich selbst den Weg zu mehr Popularität, vor allem im Wohn-, Geschäfts- und Mehrgeschossbau, nicht verbauen. Dazu sind einfachere, wirtschaftlich besser umsetzbare Bemessungsansätze zwingend erforderlich, um bereits den Planungsprozess attraktiv zu gestalten.

Bauingenieure und Zimmerer müssen, um mit den Baustoffen Stahlbeton und Stahl konkurrieren zu können, wirtschaftliche Planungs- und Bemessungsprozesse verwenden. Somit wird für den Nachweis der Gebäudeaussteifung und der damit einhergehenden Scheibenbemessung häufig auf eine veraltete Bemessungstabelle zurückgegriffen oder auf den Nachweis der Gebäudeaussteifung verzichtet. Letzterer ist jedoch ein wichtiger Teil der statischen Berechnung.

Ziel dieses Buches ist es, zunächst die Grundlagen für die Scheibenbemessung im Holztafelbau zu erläutern, die verschiedenen, zum Teil auch veralteten, Bemessungsansätze aufzuzeigen und anhand von Forschungsergebnissen zu bewerten, um anschließend die Gebäudeaussteifung und die Scheibenbemessung im Holztafelbau nach aktueller DIN EN 1995-1-1 zusammengefasst darzustellen. Das Bemessungsverfahren wird mit einfach anwendbaren Bemessungshilfen zur Vorbemessung von Dach- und Deckentafeln ergänzt. Dies soll die Planung einfacher Gebäude in Holztafelbauweise wirtschaftlich attraktiver gestalten und dabei den aktuellen Normenstand gewährleisten. Weiterhin sollen die Vorbemessungstabellen dazu beitragen, dass in Zukunft der Gebäudeaussteifung bereits während der Planung mehr Aufmerksamkeit gewidmet wird.

Meinen besonderen Dank möchte ich Herrn Prof. Dr.-Ing. Wilfried Moorkamp aussprechen. Er war maßgeblich an der Ideenfindung für dieses Buch beteiligt und übernahm die Erstbetreuung der von mir zu diesem Thema erarbeiteten Masterarbeit an der FH Aachen. Der fachliche Meinungsaustausch war für mich stets eine Bereicherung.

Aachen, im April 2017 Aljoscha Ritter

Inhaltsverzeichnis

1 Bausysteme für die Scheibenausbildung

1.1 Massivholzbauweise

Bei der Massivholzbauweise werden mehrschichtige Massivholzplatten, verleimte Rippen- oder Kastenelemente sowie Brettstapel- und Dübelholzdecken verwendet. Bei Wandscheiben aus mehrschichtigen Massivholzplatten werden die äußeren Lagen der Brettsperrholzplatte quer zur Plattenlängsrichtung orientiert. Bei Dach- und Deckenbauteilen verlaufen die äußeren Lagen in Plattenlängsrichtung. Rippen- oder Kastenelemente werden überwiegend für Deckensysteme verwendet. Rippenelementdecken bestehen aus in regelmäßigen Abständen nebeneinanderliegenden Stegen, die über eine obere Beplankung aus Holzwerkstoffplatten miteinander verbunden sind. Bei Kastenelementen wird auch die Unterseite beplankt. Die Holzwerkstoffplatten dienen bei Plattenbeanspruchung als Ober- und Untergurt.

Bei Brettstapeldecken werden einzelne Holzbretter hochkant ohne Abstand zu einander verlegt. Dübelholzdecken ähneln der Brettstapeldecke, jedoch werden Holzbalken verwendet, welche untereinander über Holzdübel oder ein Nut-Feder-System miteinander verbunden werden. Zur Herstellung eines Scheibentragwerkes aus Brettstapel- und Dübelholzdecken ist eine Beplankung mit Holzwerkstoffplatten erforderlich, da diese Systeme keinen oder nur einen geringen Schubverbund zwischen den einzelnen Elementen aufweisen.

1.2 Holzrahmenbauweise

Als Holzrahmenbau wird die Tragkonstruktion von Gebäuden bezeichnet, bei der die einzelnen Wand- und Deckenelemente durch einen Grundrahmen aus Vollholz- oder Holzwerkstoff-Rippen im Werk vorgefertigt werden (Abb. 1.1). Eine mindestens einseitige Beplankung durch Holzwerkstoffplatten stabilisiert das jeweilige Element im Transportzustand und bildet im Endzustand einen Teil der Elementaussteifung.

Nachfolgend werden die einzelnen Beplankungselemente als Platten bezeichnet, um eine Differenzierung zwischen der einzelnen Platte und der flächigen Beplankung, bestehend aus mehreren nebeneinander verlegten Platten, herzustellen.

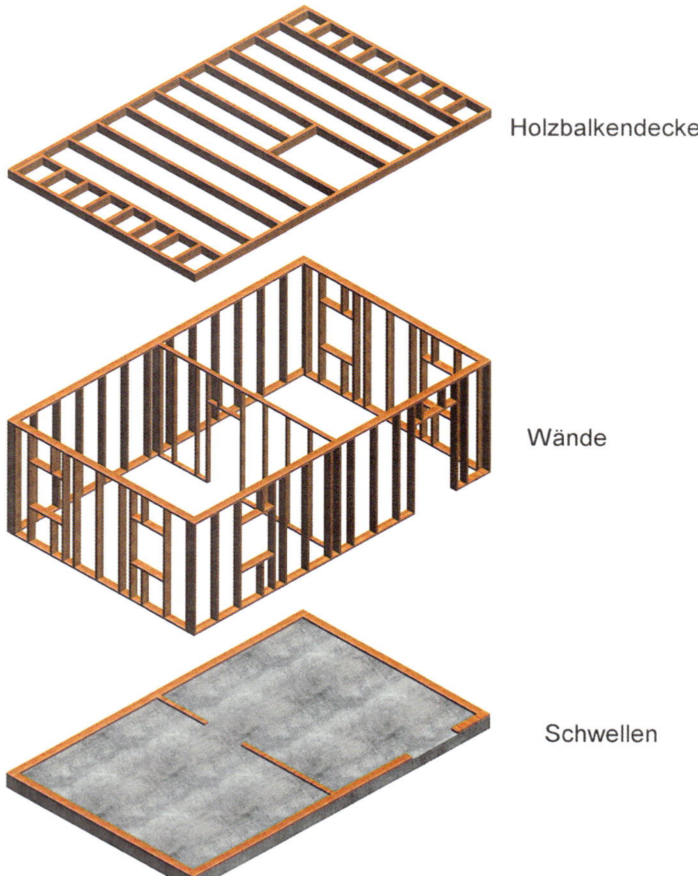

Abb. 1.1: System des Holzrahmenbaus (Beplankung nicht dargestellt)

Die Holztafelbauweise ergänzt den Holzrahmenbau um die vollständige Vorfertigung des Bauteils inklusive der erforderlichen Dämmung und Installationen bis hin zu eingebauten Fenstern und Türen. Außenwände und Deckenscheiben werden häufig nur einseitig mit aussteifenden Holzwerkstoffplatten beplankt. Bei Außenwänden geschieht dies meist durch raumseitige und bei Deckenscheiben durch oberseitige Anordnung der Platten. Außenwände werden an der Außenseite oft mit einer weichen, wärmedämmenden Holzwerkstoffplatte, zum Beispiel zur Aufnahme eines Wärmedämmverbundsystems, versehen. Bei Decken hingegen wird die Unterseite meist nur verkleidet oder mit einer abgehängten Decke ausgestattet.

Auch Holzbalkendecken ohne Vorfertigung werden auf der Baustelle mit Holzwerkstoffplatten versehen. Das Tragverhalten dieser Decken entspricht im eingebauten Zustand dem einer Holztafeldecke und wird daher in diesem Werk der Kategorie des Holzrahmenbaus zugeordnet.

Bei Innenwänden ist eine beidseitige Beplankung durch aussteifende Holzwerkstoff-, Gipskarton- oder Gipsfaserplatten üblich. Holztafelelemente weisen im Vergleich zu Massivholzbauelementen eine geringere Schubsteifigkeit auf.

1.2.1 Konstruktion von Holztafeln

Scheiben in Holztafelbauart bestehen aus in regelmäßigen Abständen angeordneten Rippen. Bei Wänden bilden die Rippen zusammen mit dem Rähm und der Schwelle einen Rahmen. Bei Decken wird der Rahmen entweder durch die Rähme der stirnseitig verlaufenden Wände oder durch separate Randrippen gebildet (Abb. 1.2).

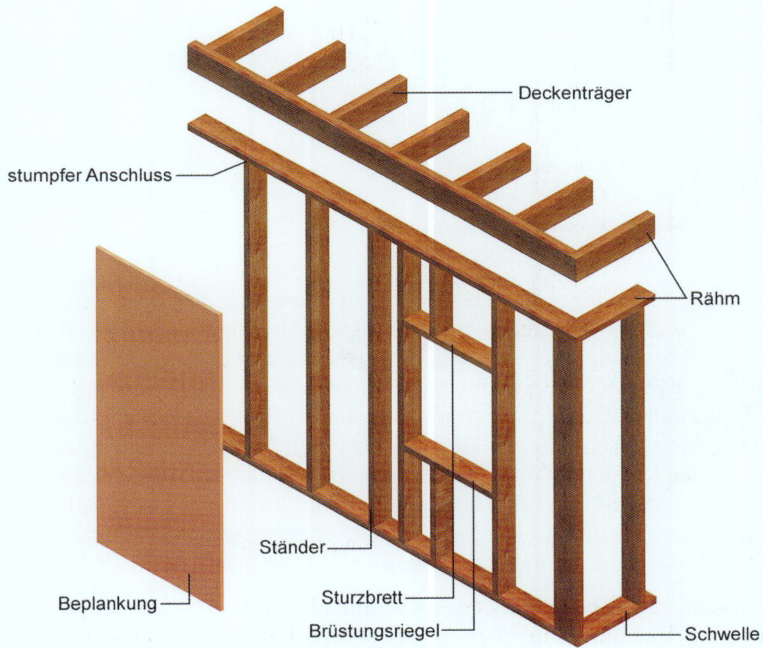

Abb. 1.2: Konstruktionsprinzip von Holztafeln

Bei Wandscheiben erfolgt die Anordnung der vertikalen Rippen in einem regelmäßigen Raster von üblicherweise 62,5 cm und wird an statisch oder konstruktiv erforderlichen Stellen durch zusätzliche Rippen ergänzt (Abb. 1.3). Das Raster resultiert aus den Abmessungen der Holzwerkstoffplatten, deren Breiten einem Vielfachen von 62,5 cm entsprechen. So kann die Beplankung entsprechend auf den jeweiligen Rippen stumpf gestoßen werden.

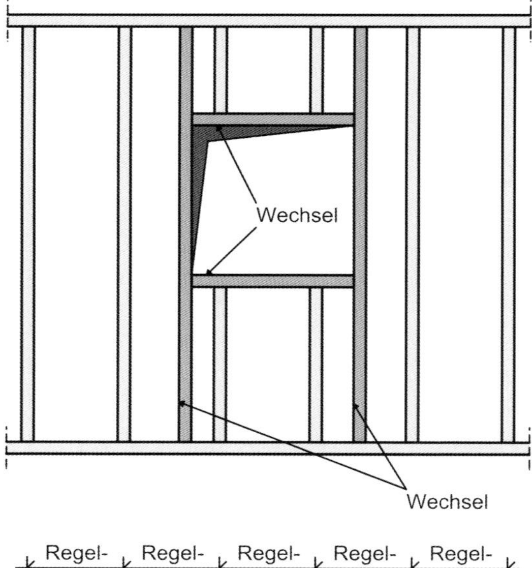

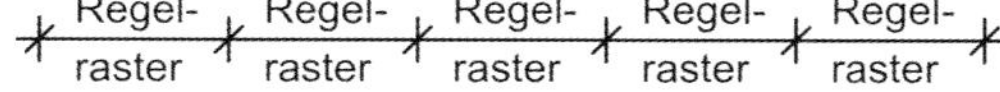

Abb. 1.3: Konstruktionsraster einer Wand

Aufgrund der überwiegend orthogonal zur Ebene wirkenden Beanspruchung von Holzbalkendecken werden häufig größere Rippenabstände als bei Wandscheiben gewählt, um dadurch Material einzusparen und bei Dachscheiben ein höheres Dämmvolumen zu erhalten. Bei vergrößerten Rippenabständen ergibt sich eine Verlegung der Holzwerkstoffplatten quer zu den Rippen (Abb. 1.4). Schwebende Plattenstöße parallel zu den Innenrippen sind bei Beplankungen unzulässig. Als schwebende Plattenstöße werden auf gesamter Länge nicht unterstützte, parallel zu den Rippen verlaufende Plattenstöße bezeichnet. Die Unterscheidung zwischen schwebenden und freien Stößen ist in Kapitel 2.3.1 näher erläutert.

Der Rahmen ist in den Eckpunkten meist nur konstruktiv verbunden, sodass er bei Scheibenbeanspruchung eine kinematische Kette bildet. Die Beplankung sowie die Verbindungsmittel zwischen Rippen und Beplankung müssen daher eine Verzerrung des Rahmens bei Scheibenbeanspruchung verhindern.

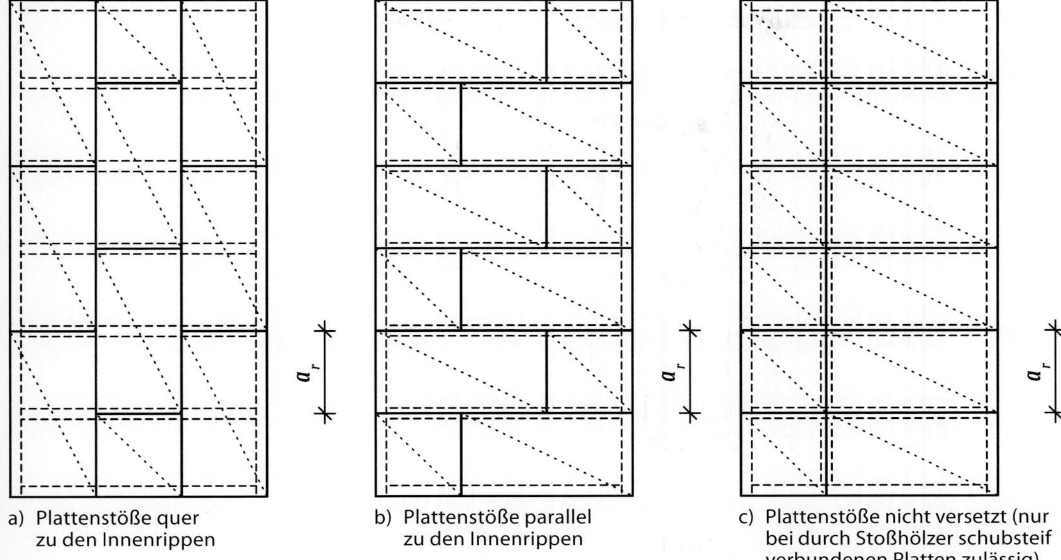

a) Plattenstöße quer zu den Innenrippen

b) Plattenstöße parallel zu den Innenrippen

c) Plattenstöße nicht versetzt (nur bei durch Stoßhölzer schubsteif verbundenen Platten zulässig)

Abb. 1.4: Plattenanordnung bei Holzbalkendecken

1.2.2 Verbund von Rippen und Beplankung

Die Tragfähigkeit von Tafelscheiben wird im Wesentlichen durch den Verbund zwischen Rippen und Beplankung beeinflusst. Die Festigkeit und Steifigkeit von Scheiben in Holztafelbauart ist abhängig von der Anzahl, Festigkeit und Steifigkeit der Verbindungsmittel zwischen Beplankung und Rippen. Der Verbund ist sowohl von der Verbindungsmittelfestigkeit, den Lochleibungsfestigkeiten der Rippen- und Beplankungswerkstoffe als auch von der Beplankungsdicke, dem Randabstand, der Eindringtiefe des Verbindungsmittels in den Rippenwerkstoff und dem Winkel zwischen Beplankungsrand und Richtung der Verbindungsmittelbeanspruchung abhängig. DETTMANN stellte fest, dass bei nicht eingehaltenen Verbindungsmittelabständen zum Beplankungsrand die Verbindungsmitteltragfähigkeit nach dem *Johansen*-Modell nur näherungsweise bestimmt werden kann und in diesem Fall abgemindert werden sollte.

KESSEL, HUSE und AUGUSTIN haben den Einfluss der Verbindungsmittelabstände auf die Tragfähigkeit von Wandtafeln untersucht. Dabei haben sie festgestellt, dass die Verbindungsmitteltragfähigkeiten nach dem *Johansen*-Modell für Gipsfaserplatten und Nägel gute Übereinstimmungen mit den Prüfergebnissen lieferten und je nach Parameterkombination sogar die gemessenen Höchstlasten wesentlich unterschätzt werden. KESSEL et al. veröffentlichten entsprechende statische Modelle und Angaben zu modifizierten Randlochleibungsfestigkeiten.

1.2.3 Tragverhalten von Holztafeln

Für das Tragverhalten von Holztafeln sind grundsätzlich drei Beanspruchungsarten zu unterscheiden, welche je nach Lastfall im Bemessungszustand überlagert werden müssen:

- Beanspruchung orthogonal zur Ebene (Plattenwirkung)
- rippenparallele Beanspruchung in der Ebene
- Beanspruchung in der Ebene orthogonal zu den Rippen

In den folgenden Ausführungen wird eine Beplankungsdicke unterstellt, durch die das Beulen der Beplankung unberücksichtigt bleiben kann.

Bei einer Beanspruchung orthogonal zur Ebene werden die Rippen durch die Plattenwirkung der Beplankung auf Biegung beansprucht. In der Praxis wird für die Verbindung von Längs- und Randrippen von einer gelenkigen Verbindung ausgegangen.

Eine rippenparallele Scheibenbeanspruchung erfolgt meist durch Einzel- oder Streckenlasten auf die quer verlaufenden Randrippen (Abb. 1.5 a)). Einzellasten greifen häufig unmittelbar über den Längsrippen an oder werden andernfalls durch angeordnete Verteiler, wie zum Beispiel Unterzüge, in die Längsrippen eingeleitet. Bei angreifenden Streckenlasten verteilt die entsprechende Randrippe die Lasten sowohl über Druckkontakt auf die Längsrippen als auch über die Verbindungsmittel auf die Beplankung. Der Lastabtrag der Beplankung ist neben den vorhandenen Steifigkeiten auch von dem nichtlinearen Tragverhalten der Verbindungsmittel abhängig. Durch das entstehende Schubfeld wird die Beplankung randparallel beansprucht.

Bei einer Krafteinleitung infolge Druckkontakt zwischen Randrippe und Innenrippen werden die Scheibenbeanspruchungen anhand der Verbindungsmittel gleichmäßig über die Höhe in die Beplankung eingeleitet. In diesem Fall kann die gesamte Tafelhöhe als statisch wirksam angesetzt werden. Werden sowohl Druck- als auch Zugkräfte in die Scheibe eingeleitet oder erfolgt die Krafteinleitung quer zu den Innenrippen (Abb. 1.5 b)), ist eine effektive Scheibenhöhe anzusetzen oder ein Nachweis der Lasteinleitung zu führen.

Bei einer Lasteinleitung quer zu den Innenrippen wird die Randrippe durch die Verbindungsmittel der Beplankung kontinuierlich federnd gestützt und so die äußere Belastung in die Beplankung eingeleitet. Daraus resultiert infolge der direkten Lasteinleitung neben der randparallelen Schubbeanspruchung eine zusätzliche Schubbeanspruchung orthogonal zum Plattenrand.

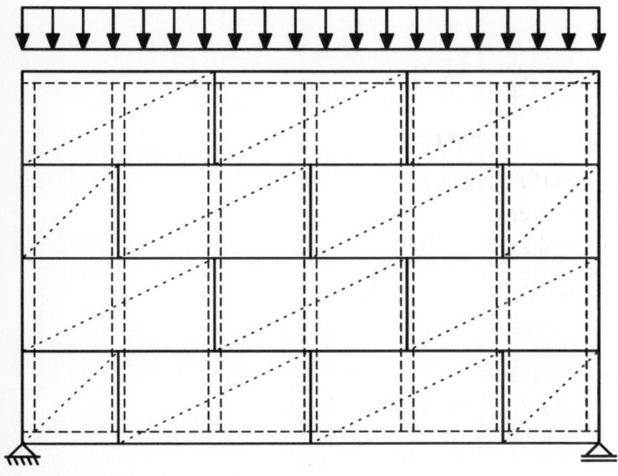

a) Rippenparallele Belastung

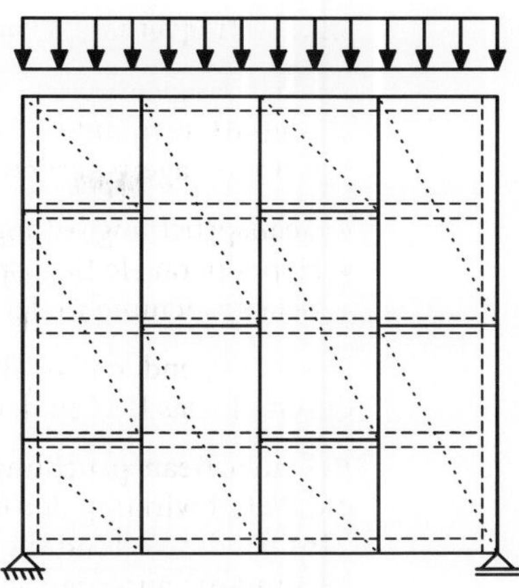

b) Belastung quer zu den Rippen

Abb. 1.5: Lasteinleitung von Streckenlasten

Diese zweiachsige Beanspruchung der Beplankung erzeugt nach [24] bereits bei einer Tafelschlankheit von $b/l = 0{,}5$ eine um 40 % höhere Verbundspannung als bei ausschließlich randparalleler Schubbelastung. Zudem kann die Belastung nicht ausreichend weit in die Scheibe eingeleitet werden, wodurch die der Last gegenüber liegende Scheibenseite nicht an der Scheibenwirkung beteiligt ist. Die Begrenzung der statisch wirksamen Höhe auf 25 % der Spannweite durch die DIN 1052 führt zu höheren Gurtkräften. Die erhöhte Verbundspannung zwischen Rippen und Beplankung kann durch eine Überlagerung beider Schubspannungen erfasst werden. Der Ansatz einer effektiven Tafelhöhe bei Belastung quer zu den Rippen wurde in den Nationalen Anhang des Eurocode 5 übernommen. Sofern ein Nachweis der Lasteinleitung geführt wird, darf die Tafelhöhe rechnerisch ohne Abminderung angesetzt werden.

Wird eine Scheibe durch eine Einzellast orthogonal zu den Rippen ähnlich einer Kragscheibe belastet (Abb. 1.6), so sind in der Literatur hauptsächlich drei Methoden zur Beschreibung des Tragverhaltens zu finden. Hier sind der Ansatz eines Fachwerkmodells, die Schubfeldtheorie und die exakte Berechnung nach der Finite-Elemente-Methode zu nennen. Das Fachwerkmodell war in der DIN 1052:1988 verankert und wurde dann auf Normenebene von der Schubfeldtheorie in der neuen DIN 1052:2004 abgelöst, welche auch derzeit Anwendung im Eurocode 5 findet. Für die exakte Berechnung mit Hilfe der Finite-Elemente-Methode stehen bereits Ansätze zur Verfügung. Diese stellen aufgrund der Komplexität derzeit für den praxisnahen Einsatz keine sinnvolle Alternative zu den in den Normen genannten Berechnungsverfahren dar und dienen überwiegend der Vorbereitung und Verifizierung von Modellversuchen an Wandtafeln.

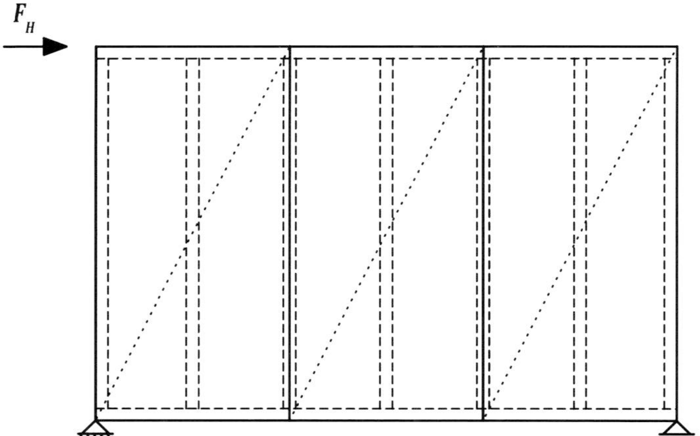

Abb. 1.6: Lasteinleitung einer Einzellast orthogonal zu den Rippen

Durch die hohe Steifigkeit und unter Ausschluss des Beulens der Beplankung treten unabhängig von den Tragmodellen nur sehr geringe Diagonalverformungen auf. Infolge einer an der Kopfrippe eingeleiteten Horizontalkraft stellen sich bei Wandtafeln eine Starrkörperverdrehung und eine horizontale Starrkörperverschiebung der Beplankung in Bezug auf die unverschiebliche Schwelle ein. Für horizontal beanspruchte Wandtafeln nach Abb. 1.6 treten nur geringe Verbindungsmittelverformungen entlang der Innenrippen auf. Daher wird für die Beplankung der Membranspannungszustand unterstellt. Die Rippen der Scheibe in Abb. 1.6 werden somit nicht auf Torsion oder Biegung beansprucht. Daher ist es für diesen Fall ausreichend, der Scheibenbemessung ein zweidimensionales Modell zu Grunde zu legen.

2 Konstruktive Randbedingungen für Tafeln

2.1 Allgemeines

Die nachfolgenden konstruktiven Randbedingungen beziehen sich ausschließlich auf den aktuellen Normenstand der DIN EN 1995-1-1 [16] in Verbindung mit zugehöriger Änderung [17] und dem Nationalen Anhang für Deutschland DIN EN 1995-1-1/NA.D [18]. Nachfolgend wird zur besseren Lesbarkeit für die Kombination der Regelwerke der Begriff *EC 5* verwendet.

2.2 Randrippen

Für rechteckige Tafeln sind umlaufend Randrippen anzuordnen. Diese dürfen nicht ohne statischen Nachweis gestoßen werden, um Zug- und Druckkräfte sicher aufnehmen und weiterleiten zu können. Bei einem statischen Nachweis eines Rippenstoßes darf lediglich eine maximal Ausnutzung von 50 % erreicht werden, wodurch eine verformungsarme Verbindung sichergestellt wird.

2.3 Verlegung der Platten

2.3.1 Plattenstöße

Bei Plattenstößen wird zwischen unterstützten, freien und schwebenden Plattenstößen unterschieden. Die Schubfeldtheorie des EC 5 zur Bemessung von Tafelscheiben setzt ausschließlich unterstützte Plattenränder voraus. Unter allen Plattenstößen müssen dazu Rippen oder Stoßhölzer über die gesamte Stoßlänge angeordnet werden und schubsteif mit der Beplankung verbunden sein. Nicht kontinuierlich unterstützte, quer zu den Rippen verlaufende Plattenränder sind bei Dach- und Deckenscheiben nur unter Einhaltung von Kompensationsmaßnahmen zulässig, da sich bei freien Plattenstößen kein ideelles Schubfeld innerhalb der Tafel im Sinne der DIN EN 1995-1-1 ausbilden kann. Die Kompensationsmaßnahmen sind in Kapitel 2.4 näher erläutert. Rippenparallel verlaufende, nicht unterstützte Plattenstöße werden als schwebende Plattenstöße bezeichnet und sind für tragende und aussteifende Bauteile grundsätzlich nicht zulässig.

2.3.2 Plattenanordnungen

Bei einer versetzten Plattenanordnung wird zwischen der Versatzanordnung quer und parallel zu den Innenrippen unterschieden. Abb. 2.1 a) zeigt eine Tafel mit quer zu den Innenrippen versetzten, freien Plattenstößen. Eine parallel zu den Rippen versetzte Plattenanordnung stellt Abb. 2.1 b) dar.

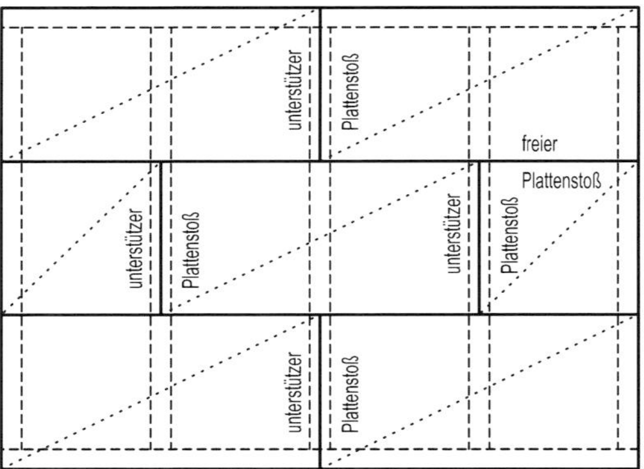

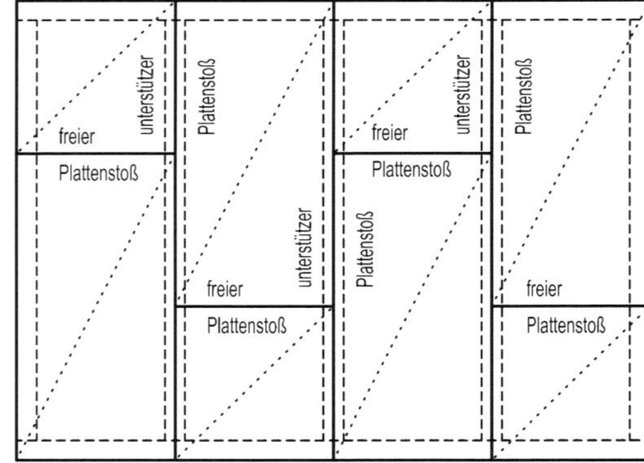

a) Versatz quer zu den Rippen

b) Versatz parallel zu den Rippen

Abb. 2.1: Versetzte Plattenanordnung mit freien Plattenstößen

Die Anordnung von Stoßhölzern ist besonders bei einer Unterteilung der Scheibe in Teilscheiben erforderlich, sodass bei jeder Teilscheibe umlaufend Randrippen zur Verfügung stehen. Unterstützte Plattenstöße bei versetzter Plattenanordnung zeigt Abb. 2.2 a). Die Anordnung von Stoßhölzern bei nicht versetzter Plattenanordnung wird in Abb. 2.2 b) dargestellt. Eine nicht versetzte Plattenanordnung ist nur bei Anordnung von Stoßhölzern an jedem Plattenstoß zulässig.

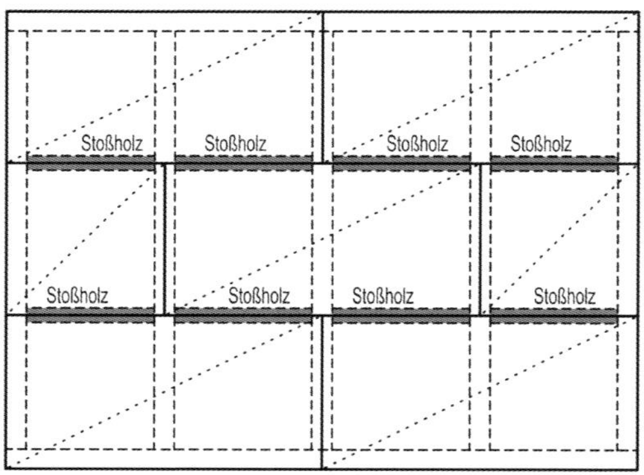

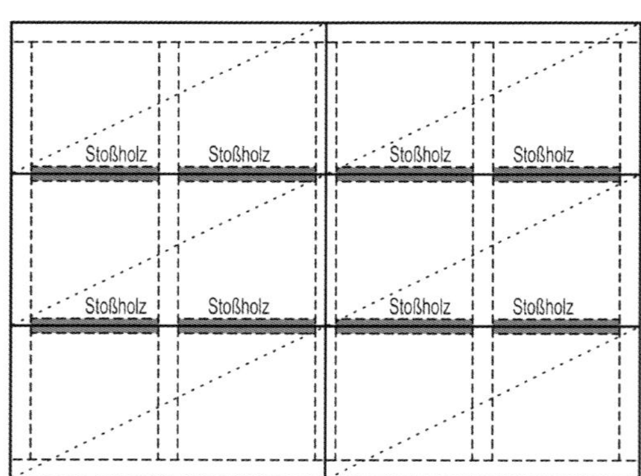

a) Versetzte Plattenanordnung

b) Nicht versetzte Plattenanordnung

Abb. 2.2: Unterstützte Plattenstöße

2.4 Freie Plattenstöße bei Dach- und Deckenscheiben

Aufgrund großer Abmessungen von Dach- und Deckentafeln kann die Ausbildung freier Plattenstöße häufig nicht vermieden werden, wodurch diese bei Scheibenbeanspruchung kein ideelles Schubfeld ausbilden. Zur Anwendbarkeit des Schubfeldmodells sind nach DIN EN 1995-1-1/NA.D alle folgenden Kompensationsmaßnahmen für Dach- und Deckentafeln mit freien Plattenstößen einzuhalten:

- Die Platten werden mindestens um einen Rippenabstand a_r versetzt angeordnet,
- der Rippenabstand a_r beträgt maximal 75 % der Plattenabmessung in Rippenrichtung,
- auf allen Rippen sind Verbindungsmittel mit gleichem Abstand a_1 anzuordnen,
- es werden maximal zwei freie Plattenstöße angeordnet, alternativ wird die Stützweite auf $l \leq 12{,}50$ m beschränkt,
- die Schlankheit der Scheibe beträgt $b/l \geq 0{,}25$,
- der Bemessungswert der Scheibenbeanspruchung beträgt $q_d \leq 5{,}0$ kN/m und
- die Schubtragfähigkeit wird um 1/3 verringert.

2.5 Abstände der Verbindungsmittel

2.5.1 Allgemeines

Die Abstände der Verbindungsmittel untereinander und zu den Rändern sind dem Abschnitt 8 der DIN EN 1995-1-1 zu entnehmen. Nachfolgend werden die Höchstwerte der Verbindungsmittelabstände sowie Besonderheiten für Dach-, Decken- und Wandscheiben angegeben.

2.5.2 Abstand der Verbindungsmittel untereinander

Der Nagelabstand darf für Dach- und Deckenscheiben bei versetzter Plattenanordnung entlang nicht durchlaufender Plattenstöße nach Abb. 2.3 mit dem Faktor 1,5 bis zu einem Maximalwert von 150 mm vergrößert werden. Eine Reduzierung der Tragfähigkeit ist dabei nicht erforderlich.

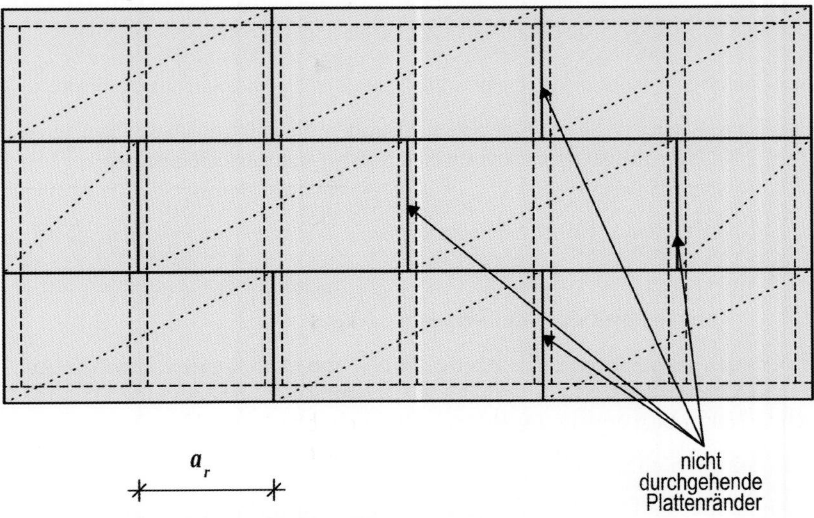

Abb. 2.3: Nicht durchgehende Plattenränder bei Tafeln

Der größte Abstand sollte in jeder Richtung $a_1 = a_2 \leq 40 \cdot d$ betragen. Sofern die Beplankung aus Werkstoffplatten nur aussteifende Funktion aufweist, ist ein Höchstabstand von bis zu $a_1 = a_2 \leq 80 \cdot d$ zulässig. Für Dach- und Deckenscheiben ist der Verbindungsmittelabstand zudem entlang der Beplankungsränder auf 150 mm und in übrigen Bereichen auf 300 mm zu begrenzen. Die Verbindungsmitteltragfähigkeit darf bei Verwendung von Holzwerkstoffplatten an den Plattenrändern gegenüber den Werten des Abschnittes 8 des EC 5 um 20 % erhöht werden.

Für Wandscheiben gilt, dass der Verbindungsmittelabstand entlang der Ränder auf 150 mm für Nägel und 200 mm für Schrauben zu beschränken ist. An den Innenrippen sollte der Verbindungsmittelabstand den doppelten Randabstand nicht überschreiten, jedoch maximal 300 mm betragen. Entlang der Plattenränder sollte der Bemessungswert der Tragfähigkeit mit dem Faktor 1,2 vergrößert werden.

2.5.3 Randabstände zum Rippen- und Beplankungsrand

Für Dach- und Deckenscheiben gilt, dass bei Tafeln mit allseitig schubsteif verbundenen Plattenrändern für Platten und Rippen das Maß $a_{4,c}$ gewählt werden darf. Bei einer Beanspruchung der Rippen rechtwinklig zur Stabachse sind die Randabstände unter Berücksichtigung dieser Beanspruchung zu ermitteln. Bei freien Plattenrändern muss das Maß $a_{4,t}$ für $\alpha = 90°$ als Randabstand der Verbindungsmittel gewählt werden. Für Wandscheiben darf bei allseitig schubsteif verbundenen Plattenrändern das Maß $a_{4,c}$ angesetzt werden.

2.6 Öffnungen

In Tafeln sind Öffnungen ohne Auswechslung nur unter nachfolgenden Randbedingungen ohne rechnerischen Nachweis zulässig.

Für Dach- und Deckenscheiben dürfen in mittragenden Beplankungen Aussparungen mit einer maximalen Fläche von 300 cm^2 auf einer Tafelfläche von 2,5 m^2 beim Nachweis der Spannungen vernachlässigt werden. Die Summe aller Ausdehnungsbreiten darf dabei 200 mm nicht überschreiten.

Bei Wandscheiben dürfen einzelne Öffnungen bis zu einer Ausdehnung von $l/h \leq 200/200$ mm vernachlässigt werden. Sind mehrere Öffnungen vorhanden, müssen $\Sigma l_i \leq 0{,}1 \cdot l$ und $\Sigma h_i \leq 0{,}1 \cdot h$ gewährleistet sein.

Für größere Öffnungen ist ein rechnerischer Nachweis erforderlich, siehe Kapitel 4.

2.7 Knicken und Kippen der Rippen

Zur Beurteilung einer ausreichenden Knick- und Kippaussteifung der Rippen können folgende Bedingungen verwendet und somit auf einen rechnerischen Nachweis verzichtet werden:

- Kontinuierlicher Verbund zwischen Rippen und Beplankung,
- Rippenabstand $a_r \leq 50 \cdot t$, mit t als Beplankungsdicke und
- Schlankheit des Rippenquerschnitts $\frac{h}{b} \leq 4$

3 Statische Modelle zur Erfassung des Tragverhaltens

3.1 Allgemeines und Stand der Technik

Die Holztafelbauweise konnte sich in den letzten Jahrzehnten aufgrund der guten Ökoeffizienz und des hohen Grades der Vorfertigung der Einzelbauteile etablieren. Obwohl Scheiben für die Lastabtragung eines Gebäudes von großer Bedeutung sind, steht bis heute für die Holztafelbauweise noch keine geschlossene baustatische Theorie zur Beschreibung des Tragverhaltens sowie zur Bestimmung der Tragfähigkeit und Steifigkeit zur praxisnahen Umsetzung zur Verfügung.

Seit den 1970er Jahren wurde das Tragverhalten von Scheiben analysiert und diverse statische Modelle entwickelt. Diese Modelle basieren auf unterschiedlichen Annahmen, welche sowohl lineare als auch nichtlineare Analysen mit Energie- oder Finite-Elemente-Ansätzen ermöglichen. 1988 wird in DIN 1052 Teil 1 und Teil 3 die Fachwerktheorie der Bemessung von Scheiben zugrunde gelegt. Hierbei werden die vertikalen Rippen als Druckpfosten, die horizontalen Rippen als Gurte und die Beplankung als Zugstrebe idealisiert. Für die Übertragung der Lasten zwischen Beplankung und Rahmen wird ein konstanter Schubfluss vorausgesetzt, wodurch für den Nachweis der Verbindungsmittel zwischen Beplankung und Rahmen die Last auf die Anzahl der Verbindungsmittel pro Rippe verteilt wird. Zudem wird für Dach- und Deckenscheiben ein vereinfachtes Verfahren unter Anwendung einer Bemessungstabelle (Tabelle 12 der veralteten DIN 1052-1:1988-04) angegeben. Dieses vereinfachte Verfahren ist jedoch nur für die Scheibenbeanspruchung parallel zu den Innenrippen anwendbar. Das Fachwerkmodell wird im Kapitel 3.3 näher erläutert.

DETTMANN beschreibt in [29] die vier wichtigsten statischen Modelle der bis zum Jahre 2003 vorausgegangenen Forschungen, entwickelte Ansätze zur Erfassung dieser Modelle mittels der Finite-Elemente-Methode und analysiert diese auf Grundlage einer Parameterstudie. Alle Modelle beziehen sich auf das Tragverhalten eines einzelnen Holztafelelementes.

Modell I stellt eine Tafel mit gelenkig miteinander verbundenen Rippen dar. Dieses statische Modell überträgt über die gelenkigen Verbindungen Kräfte und basiert auf einem mehrfach statisch unbestimmten System. Ohne EDV-gestützte Berechnung kann die Tragfähigkeit nur unter hohem Aufwand nachgewiesen werden. Die Verbindung der Rippen erfolgt in der Praxis konstruktiv über Schräg- bzw. Hirnholznagelung. Nach DIN 1052-1:1988, DIN 1052:2008 und EC 5 dürfen Hirnholzverbindungen jedoch nicht zur Kraftübertragung angesetzt werden.

Bei dem zweiten Tafelmodell wird von einem reinen Schubfluss zwischen den Verbindungsmitteln und den Rippenlängsachsen ausgegangen. Hierbei sind die Rippen untereinander nicht verbunden, werden jedoch als in sich starr angenommen. Dieses Modell basiert auf der Schubfeldtheorie, welche in Kapitel 3.4 näher erläutert wird. Hier werden real vorhandene Druckkraftübertragungen und geringfügige Zugkraftübertragungen zwischen den einzelnen Rippen vernachlässigt. Die Schubfeldtheorie wird im EC 5 als statisches Modell zur Bemessung von Scheiben angegeben.

Modell III und IV beschreiben statische Systeme unter Berücksichtigung von Kontaktstößen zwischen den Rippen. Für das Modell III wurden starre Kontaktstöße angesetzt, wohingegen bei Modell IV definierte Federsteifigkeiten der Kontaktstöße berücksichtigt wurden.

Anhand der Ergebnisse der Parameterstudie wurde festgestellt, dass die Schubfeldtheorie die geeignetste Methode zur Erfassung des Tragverhaltens von Holztafeln darstellt.

Alle vorgenannten Verfahren und statischen Modelle beruhen auf der Annahme eines ideal plastischen Stoffgesetzes und auf einer geometrisch linearen Beschreibung der Tafeln, obwohl das ausgeprägte duktile Verhalten des Verbundes zwischen Beplankung und Rippen bekannt ist. Es wird zudem von einer nicht beulgefährdeten Beplankung beziehungsweise von der Vermeidung des Beulens durch Wahl entsprechend dicker Beplankungswerkstoffe ausgegangen.

In [46] stellt SANDAU-WIETFELDT fest, dass die Schubfeldtheorie auch für die Bemessung von scheibenartig beanspruchten Holztafeln mit dünner, beulgefährdeter Beplankung anwendbar ist. Zudem stellt er Konstruktionsregeln für Holztafeln mit beulgefährdeter Beplankung zur Sicherstellung eines ausreichend tragfähigen und duktilen Verbundes von Rippen und Beplankung auf. Aus den Ergebnissen leitet er Bemessungsvorschläge in Anlehnung an die DIN 1052:2004-08 ab.

Für Holztafeln hat KESSEL (2009) in [43] eine Traglasttheorie auf Basis des Weggrößenverfahrens vorgestellt. Basierend auf den Ergebnissen von KESSEL entwickelte HALL in [31] alternativ zur Schubfeldmethode und zu aufwendigen nichtlinearen Finite-Elemente-Modellierungen die Fließverbundmethode sowie das Stab-Verbund-Modell zur Bestimmung von Spannungs- und Verformungszuständen von scheibenartig beanspruchten Holztafelkonstruktionen unter Berücksichtigung des duktilen Verbundverhaltens und der Verankerungen. Die Fließverbundmethode basiert auf dem Weggrößenverfahren und führt für kleine ebene Tragwerke zu allgemeinen Lösungen, welche für Handrechnungen geeignet sind. Das Verfahren bedingt starre Rippen und Beplankung. Mit dem Stab-Verbund-Modell können sowohl das linear-elastische als auch das physikalisch nichtlineare Tragverhalten von Holztafeln abgebildet werden. Dabei wird im Bereich des linear-elastischen Tragverhaltens eine analytische Lösung ausgewertet, im plastischen Bereich findet jedoch eine iterative Berechnung Anwendung. Das Stab-Verbund-Modell ist im Holztafelbau auf nahezu jede Problemstellung anwendbar.

Nachfolgend werden für Dach-, Decken- und Wandscheiben sowohl die Balken- und Fachwerktheorie nach DIN 1052:1988 als auch die Schubfeldtheorie auf Grundlage des EC 5 genauer betrachtet.

3.2 Balkentheorie

Nach der veralteten DIN 1052-1:1988-04 durften Dach- und Deckenscheiben aus Tafeln vereinfacht als Balken berechnet werden (Abb. 3.1). Für die Aufnahme von vorwiegend ruhenden Lasten einschließlich Windlasten und Erdbebenbeanspruchungen in Scheibenebene waren die Stützweiten auf 30 m zu begrenzen. Bei mehr als zwei nicht unterstützen Stößen parallel zur Spannrichtung einer Scheibe aus Holzwerkstoffen war die Scheibenstützweite auf 12,50 m einzuschränken. Als untere Grenze musste die Scheibenhöhe h_s mindestens 25 % der Stützweite l_s betragen. Bei Scheibenhöhen größer als die Stützweite durfte rechnerisch nur eine effektive Höhe gleich der Stützweite berücksichtigt werden. Die zulässige Durchbiegung wurde auf 1/1000 der Stützweite begrenzt, wobei die Schubverformungen zu berücksichtigen waren. Auf den Durchbiegungsnachweis durfte verzichtet werden, wenn die Scheibenhöhe mindestens 50 % der Stützweite entsprach.

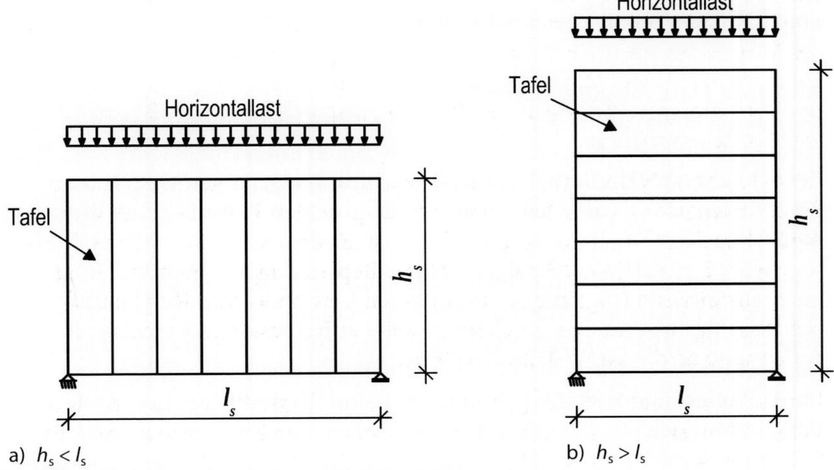

Abb. 3.1: Beispiele für Dach- und Deckenscheiben

Für parallel zu den Innenrippen belastete Scheiben mit symmetrischer Punktlagerung (Abb. 3.2) gab die DIN 1052-1 in Abschnitt 10.3.3 ein vereinfachtes Nachweisverfahren in Abhängigkeit von der Scheibenstützweite mit Hilfe einer Bemessungstabelle nach Tabelle 3.1 an.

Bei der Anwendung dieses vereinfachten Nachweisverfahrens waren die folgenden konstruktiven Randbedingungen zu berücksichtigen:

- Die kleinste Seitenlänge jeder Platte musste mindestens 1,0 m betragen,
- der Nagelabstand nach Tabelle 3.1 war konstant einzuhalten,
- der Nagelabstand rechtwinklig zum Plattenrand war nach bestimmten Kriterien auszuführen und
- die äußeren Rippen waren mindestens 1,5 fach breiter als die Innenrippen auszuführen.

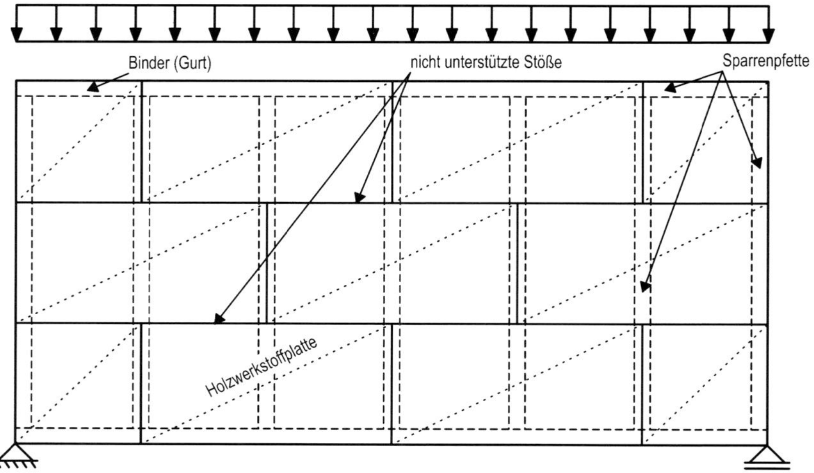

Abb. 3.2: Scheibe mit rippenparalleler Belastung

Auf einen Durchbiegungsnachweis konnte verzichtet werden, wenn entweder das Seitenverhältnis der Scheibe $h_s/l_s \geq 0{,}25$ betrug oder alle obengenannten Randbedingungen eingehalten wurden. Ein rechnerischer Nachweis der Scheibe war erforderlich, wenn diese Bedingungen nicht eingehalten wurden. Die DIN 1052-1 gab für die Berechnung als Balken keinen Rechenansatz vor.

Eine Scheibe aus Tafeln mit Holzwerkstoffplatten konnte als Biegeträger aus nachgiebig miteinander verbundenen Querschnittsteilen oder als ideelles Stabwerk idealisiert werden, wenn die Plattenstöße nicht schwebend ausgeführt wurden. Für Dach- und Deckenscheiben war eine Ausbildung von freien Stößen aufgrund der Scheibenabmessungen und Rippenabstände üblich. Dennoch war bei üblichen Grundrissen eine Betrachtung als starre Scheibe möglich.

Tabelle 3.1: Ausführungsbedingungen für Scheiben ohne Nachweis entsprechend DIN 1052-1

Gleichm. verteilte Horizontallast q_h	Scheibenstützweite l_s	Mindestdicken der Platten		Erforderlicher Nagelabstand e für Nageldurchmesser 3,4 mm[1)] bei einer Scheibenhöhe h_s			
		Flachpressplatten	Bau-Furniersperrholz	$\geq 0{,}25\ l_s$	$\geq 0{,}50\ l_s$	$\geq 0{,}75\ l_s$	$\geq 1{,}0\ l_s$
kN/m	m	mm	mm	mm	mm	mm	mm
≤ 2,5	≤ 25	19	12	60	120	180	200
≤ 3,5	≤ 30	22	12	40	90	130	180

1) Bei Verwendung anderer Nageldurchmesser bis 4,2 mm ist der erforderliche Nagelabstand e im Verhältnis der zulässigen Nagelbelastungen umzurechnen; der Nagelabstand darf 200 mm nicht überschreiten.

STEINMETZ gibt in [49] ein genaues Nachweisverfahren für Dach- und Deckenscheiben an, bei dem die Steifigkeiten der als Auflager dienenden Wände als Federsteifigkeiten in die Auflagerbedingungen des statischen Systems übernommen werden. Die Schnittgrößenermittlung erfolgt nach den üblichen baustatischen Methoden. Durch den Schnittgrößenverlauf kann die Belastung der Einzelglieder erfasst werden. Der Verbindungsmittel- und Schubspannungsnachweis der Beplankung wird nach Gleichung (3.1) mit dem Schubfluss *T* und der maximalen Querkraft *Q* geführt.

$$T = \frac{Q}{h_s} \leq zul\ T \tag{3.1}$$

Die Gurtkräfte können mit Gleichung (3.2) für die Bemessung der Ober- und Untergurte sowie deren Anschlüsse ermittelt werden.

$$N_O = N_U = \frac{1{,}5 \cdot M}{h_s} \tag{3.2}$$

Bei Scheibenbeanspruchung quer zu den Rippen (Abb. 3.1 b)) ist ebenfalls ein rechnerischer Nachweis erforderlich. Eine Idealisierung als Biegeträger ist hierbei aufgrund der veränderten Lasteinleitung durch den Obergurt nicht sinnvoll. Der Obergurt ist über seine Länge nicht in definierten Abständen unterstützt, sondern leitet die Belastung über die kontinuierlich angeordneten Verbindungsmittel in die Beplankung ein. Die nicht beulgefährdete Beplankung muss dabei einen Teil ihrer Belastung über einen Druckbogen in die nächste, parallel zum Obergurt verlaufende Rippe einleiten. Diese Rippe wirkt dabei als Zuggurt. Der Restanteil der Belastung wird durch die Beplankung in die nächste Rippe eingeleitet. Bei großen Scheibenhöhen führt dies dazu, dass die der Last gegenüberliegende Scheibenseite nicht mehr an der Lastabtragung beteiligt ist. Eine statische Höhe über die gesamte Tafelhöhe kann demnach nicht angesetzt werden. Zudem kann die auftretende Zugbeanspruchung nicht nur einer Rippe zugeordnet werden.

Die DIN 1052-1:1988-04, und somit auch die darin enthaltene Tabelle 12, wurde vom Normenausschuss zurückgezogen und ist somit nicht mehr anzuwenden. Sie wurde 2004 novelliert und 2010/2011 durch den EC 5 abgelöst. Für aktuelle Holzbaubemessungen ist der derzeit gültige EC 5 zu verwenden. Eine vergleichbare, vereinfachte Bemessungshilfe, ähnlich der Tabelle 12, wurde bislang nicht normativ eingeführt, was in der Vergangenheit häufig zur praktischen Anwendung des veralteten Normenwerkes führte.

3.3 Fachwerk-/Zugbandtheorie

Die Fachwerktheorie war in der DIN 1052-1:1988-04 für die Bemessung von Wandscheiben aus Holztafelelementen enthalten. Hierbei wurde für Wandscheiben ein fachwerkähnliches Tragverhalten angenommen. Dabei bildeten Rähm und Schwelle die Gurte, die Rippen stellten die Pfosten dar und der Beplankung wurde die Ausbildung von Zugstreben unterstellt.
Es wurde zwischen Einraster- (Abb. 3.3) und Mehrraster-Tafeln unterschieden. Dabei war die Breite *b* eines Rasters durch den Abstand der Randrippen, der vertikalen Beplankungsstöße oder durch höchstens $0{,}5 \cdot h$ mit *h* als Tafelhöhe begrenzt. Die zugrundeliegende Belastung und das statische Modell von Einrastertafeln sind in Abb. 3.3 angegeben.

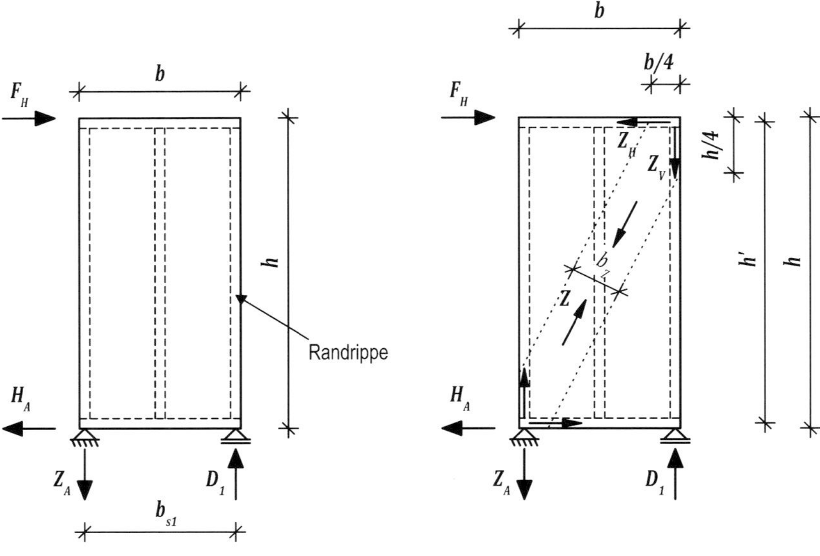

a) Belastung und Auflagerreaktionen b) Statisches Modell

Abb. 3.3: Fachwerktheorie einer Wandtafel nach DIN 1052-1:1988-04

Es wurde vorausgesetzt, dass die Wandtafel in ihrer Ebene in Höhe ihres Rähms durch eine horizontale Einzellast belastet wird und diese durch das Rähm in die Beplankung eingeleitet wird. Die Horizontalkraft wird durch eine entgegengesetzte Auflagerreaktion in der Schwelle in den Untergrund abgetragen. Dieses Kräftepaar besitzt untereinander den Hebelarm h. Dem daraus resultierenden Versatzmoment steht das Kräftepaar Z_A und D_1 in den Randrippen mit dem Hebelarm b_{s1} gegenüber.

Für Einrastertafeln, wie in Abb. 3.3 dargestellt, konnten die Druckbeanspruchung D_1 nach Gleichung (3.3) und die Anker-Zugkraft Z_A nach Gleichung (3.4) ermittelt werden.

$$D_1 = \alpha_1 \cdot F_H \cdot \frac{h}{b_{s1}} \tag{3.3}$$

$$Z_A = F_H \cdot \frac{h}{b_{s1}} \tag{3.4}$$

Bei Rasterbreiten $b \geq 1{,}20$ m war die Rippendruckkraft D_1 mit dem Faktor α_1 nach Tabelle 3.2 abzumindern.

Tabelle 3.2: Faktoren α_1 und α_i für Tafeln mit Rasterbreiten $b \geq 1{,}20$ m

Beplankung	Anzahl *n* der Raster	Randrippe 1 α_1	übrige Randrippen α_i
beidseitig	1	2/3[1)]	0
	2	2/3	1/5
	> 2	1/2	1/5
einseitig	1	3/4[1)]	0
	≥ 2	3/4	2/5

[1)] Für Tafelbreite b=0,60 m ist α_1=1,0; Zwischenwerte für Tafelbreiten von 0,60 m bis 1,20 m dürfen geradlinig interpoliert werden.

Die Verbindungmittelbeanspruchung des Verbundes zwischen Beplankung und Rippen konnte nach Gleichung (3.5) mit e' als mittlerer Verbindungsmittelabstand ermittelt werden.

$$\max N_1 = \frac{F_H}{b} \cdot e' \tag{3.5}$$

Die Strebenzugkraft Z war auf einer mitwirkenden Breite b_Z (Abb. 3.3) nachzuweisen. Bei Tafeln mit einer Rasterbreite $b \geq 1{,}20$ m durfte nach DIN 1052-1:1988 $b_Z = 0{,}50$ m ohne weiteren Nachweis angesetzt werden. Der Verbundnachweis sowie der Nachweis der gedachten Strebenzugkraft Z waren nur bei einseitiger Beplankung oder bei beidseitig beplankten Tafeln mit einer Breite b von weniger als 100 cm zu führen. Die aus der Strebenzugkraft Z resultierenden Horizontal- und Vertikalkomponenten Z_H und Z_V waren über die Länge der jeweiligen Rippe kraftschlüssig anzuschließen.

Für Mehrrastertafeln geben CZIESIELSKI *et al.* in [28] sowohl ein Fachwerkmodell als auch ein Ersatzfachwerkmodell nach Abb. 3.4 an.

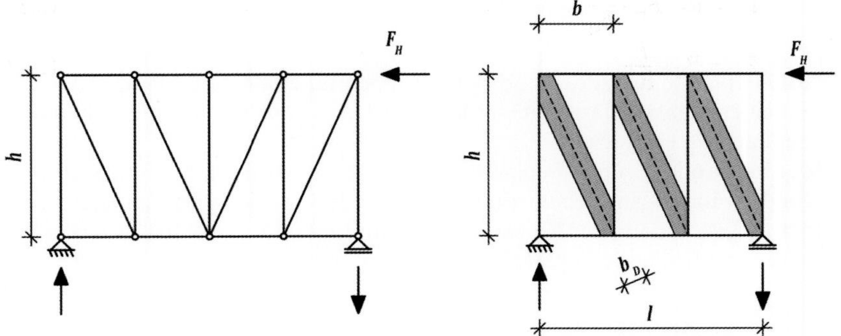

Abb. 3.4: Fachwerkmodell (links) und Ersatzfachwerk für Mehrrastertafeln (rechts)

Bei zusammengefügten Einrastertafeln waren deren Verbindungen schubsteif auszuführen. Sofern die Schubbeanspruchung T nicht genau ermittelt wurde, war diese mit $T = Z_A$ nachzuweisen. Im Kopf- und Fußbereich waren, falls erforderlich, durchgehende Gurte anzuordnen. Rechnerisch wurden Mehrrastertafeln in Einrastertafeln zerlegt und für die anteiligen Kräfte nachgewiesen. Die Anker-Zugkraft war dabei nur an der zugbeanspruchten Randrippe der Gesamttafel aufzunehmen.

Der in der DIN 1052-1:1988 enthaltene Ansatz zur Scheibenbemessung von Wandtafeln liefert kein eindeutig geschlossenes statisches Modell. Eine Zugdiagonale kann nur unter der Voraussetzung des Plattenbeulens angenommen werden. Dies ist jedoch durch die Forderung von Mindestbeplankungsdicken ausgeschlossen. Die aus der diagonalen Zugkraft resultierenden Horizontal- und Vertikalkomponenten werden zur Kraftübertragung zwischen Beplankung und Rippen auf die Anzahl der Nägel pro Rippe verteilt. Somit wird ein konstanter Schubfluss vorausgesetzt, was jedoch im Widerspruch zu dem geforderten Fachwerkmodell steht. Für Wandtafeln mit dünnen, planmäßig beulenden Beplankungen wird von KESSEL und SANDAU-WIEDTFELDT (2003) in [41] ein Bemessungsansatz unter Berücksichtigung überkritischer Tragreserven mit Hilfe der Zugfeldtheorie angegeben.

3.4 Schubfeldtheorie

3.4.1 Allgemeines

Bei der Novellierung der Holzbaunorm wurde 2004 die Schubfeldtheorie in die DIN 1052:2004-08 aufgenommen und anschließend in die DIN 1052:2008-12 übertragen. Für die Bemessung von Tafeln wird im derzeit gültigen EC 5 ebenfalls auf die Schubfeldtheorie zurückgegriffen. Bei der Schubfeldtheorie handelt es sich um ein statisches Modell zur Ermittlung der Verbundbeanspruchung von Beplankung und Rippen. Voraussetzung für die Anwendung auf Holztafeln ist die Tafelausbildung als ideelle Scheibe. Eine Berechnung mit dem ideellen Schubfeldmodell (Abb. 3.5) liefert dabei unter Voraussetzung nicht beulender Beplankung eine sehr gute Näherung der Beanspruchung (Abb. 3.6).

Eine ideelle Scheibe kann für Holztafelelemente unter folgenden Bedingungen vorausgesetzt werden:

- Alle Beplankungsränder sind durch Rippen unterstützt,
- Scheibenbeanspruchungen werden über Lastverteiler kontinuierlich in die Beplankung eingeleitet,
- der Verbund zwischen Beplankung und Rippen wird durch kontinuierliche Verbindungsmittelanordnung hergestellt, sodass ein kontinuierlicher Schubfluss entlang der Rippen entsteht und
- eine nicht beulende Beplankung eingesetzt wird.

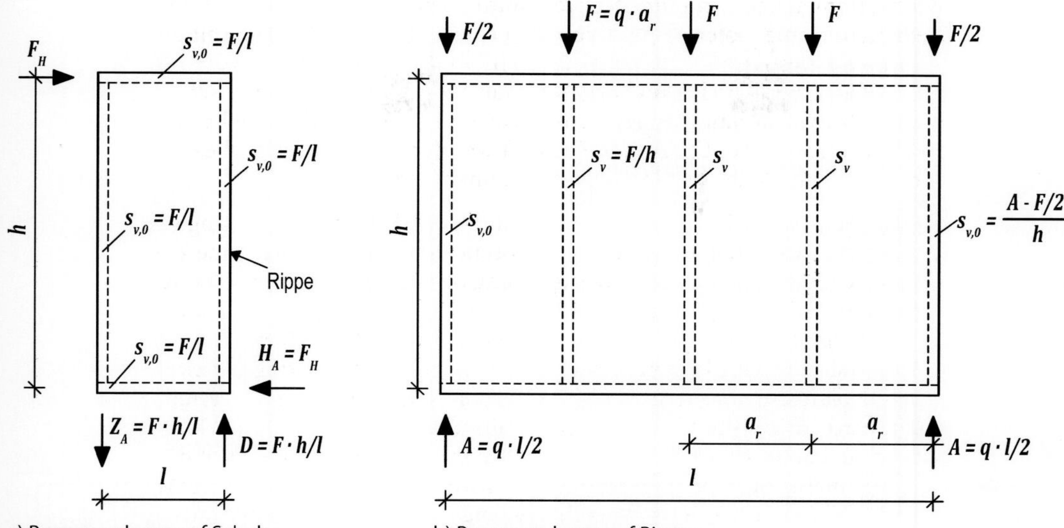

a) Beanspruchung auf Schub b) Beanspruchung auf Biegen

Abb. 3.5: Ideelles Schubfeldmodell einer Tafel

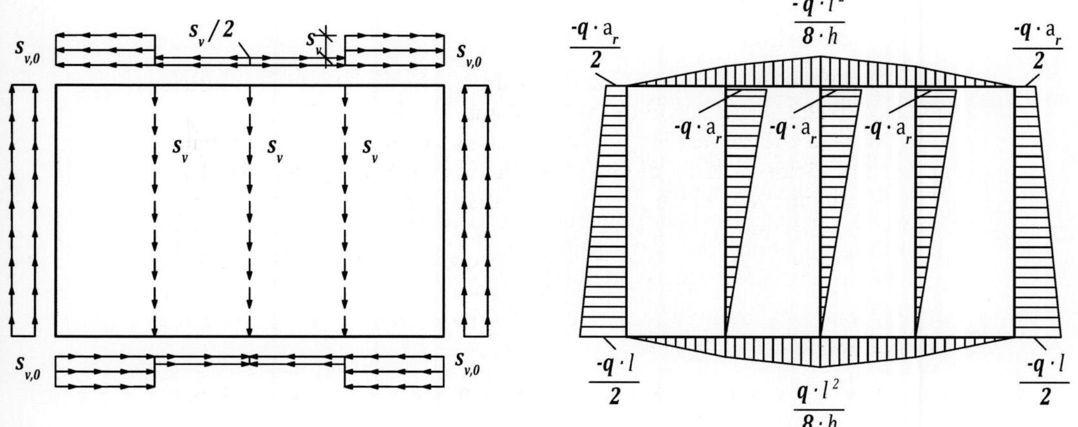

a) Schubbeanspruchung der Beplankung b) Normalkraftbeanspruchung der Rippen

Abb. 3.6: Ideelle Bauteilbeanspruchung der Tafel in Abb. 3.5 b

Für die Anwendung der Schubfeldtheorie wird die Plastifizierung der Verbindungsmittel vorausgesetzt und das Steifigkeitsverhältnis von Rippen und Beplankung zu den Verbindungsmitteln als sehr hoch eingestuft. Die Verbindungsmitteltragfähigkeit ist für die Tafeltragfähigkeit unter der Annahme von unversehrten Rippen und Beplankung maßgebend. Die Anwendung der Schubfeldtheorie erfordert demnach eine kontinuierliche Lasteinleitung, sodass konzentrierte Belastungen nicht erfasst werden. Da bei Beplankungen aus Gips- oder Holzfaserplatten ein sprödes Versagen der Beplankung ohne plastische Umlagerungen durch die Verbindungsmittel auftreten kann, wird in DIN 1052 und DIN EN 1995-1-1/NA.D ein zusätzlicher Beplankungsnachweis gefordert.

3.4.2 Schubbeanspruchungen

Durch die äußere Scheibenbelastung entsteht ein innerer Schubfluss. Dabei ist zwischen einem rippenparallelen Schubfluss $s_{v,0}$, der die ideale Scheibenbeanspruchung darstellt, und einem Schubfluss rechtwinklig zu den Rippen $s_{v,90}$, welcher sich mit dem rippenparallelen Schubfluss überlagert, zu unterscheiden. Beide Beanspruchungen sind in Abb. 3.7 dargestellt.

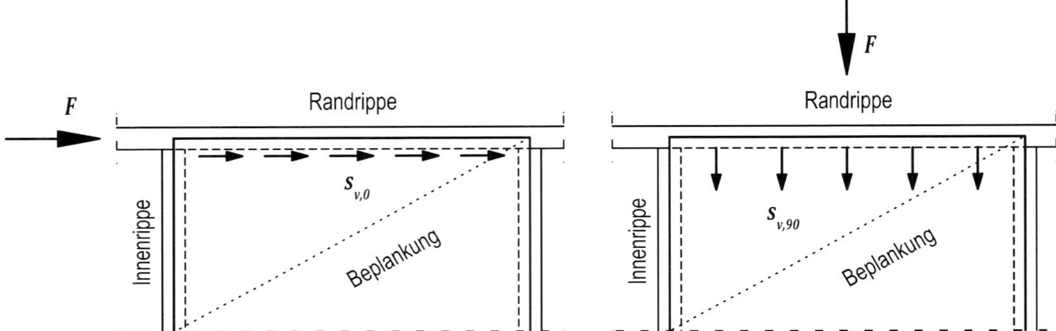

Abb. 3.7: Ideeller Schubfluss $s_{v,0}$ (links) und orthogonaler Schubfluss $s_{v,90}$ (rechts)

Ein Schubfluss $s_{v,0}$ in den Auflagerrippen erzeugt ebenfalls einen Schubfluss $s_{v,0}$ in den Gurten und verhält sich proportional zur Querkraft der Tafel (Abb. 3.8 a)). Bei einer Belastung quer zur Randrippe tritt die zusätzliche Belastung $s_{v,90}$ infolge der Lasteinleitung auf (Abb. 3.8 b)). Bei der Bemessung sind beide Schubspannungen zu überlagern. Beide Schubflüsse erzeugen Normalkräfte in den Rippen.

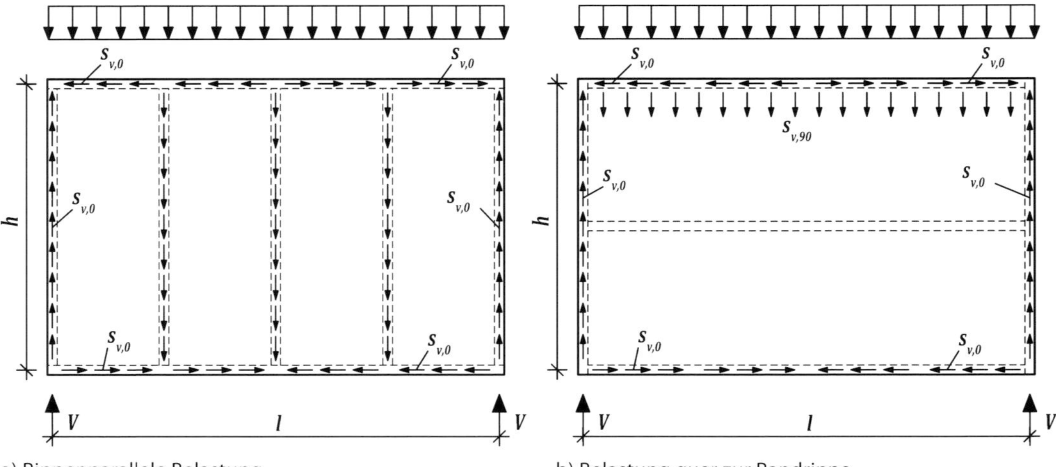

a) Rippenparallele Belastung b) Belastung quer zur Randrippe

Abb. 3.8: Schubfluss zwischen Rippen und Beplankung

3.4.3 Ideelles Schubfeld

Bei reiner Scheibenbeanspruchung treten Schubspannungen nur parallel zu den Rippen auf und werden von den Rippen über die Verbindungsmittel auf die Beplankung übertragen. Für das Tragverhalten eines Schubfeldes ist eine konstruktive Verbindung der Rippen untereinander ausreichend.

Bei dem in Abb. 3.9 dargestellten Schubfeld eines Tafelelementes wird die obere Randrippe mit der Kraft H in Stablängsrichtung belastet. Die daraus resultierende Normalkraft wird kontinuierlich über die Länge l mit Hilfe der Verbindungsmittel in die Beplankung übertragen. Daraus entsteht der Schubfluss $s_{v,0}$ nach Gleichung (3.6).

$$s_{v,0} = \frac{H}{l} \tag{3.6}$$

Um im Schubfeld Kräftegleichgewicht mit $\sum H = 0$ herzustellen, ist eine entsprechende Gegenkraft an der unteren Randrippe erforderlich. Dabei entsteht aufgrund gleicher Normalkraftbeanspruchung und gleicher Länge der gleiche Schubfluss wie in der oberen Randrippe (Abb. 3.9 a)). Aufgrund der äußeren Kraft H entsteht ein Versatzmoment mit dem Hebelarm h, welches durch ein äquivalentes Kräftepaar V aufgenommen werden muss. Die Kraft V nach Gleichung (3.7) stellt Kräftegleichgewicht mit $\sum M = 0$ her.

$$V = H \cdot \frac{h}{l} \tag{3.7}$$

Die aus der horizontalen Einwirkung H resultierenden Auflagerreaktionen V erzeugen zwischen den vertikalen Rippen und der Beplankung ebenfalls einen Schubfluss $s_{v,0}$ nach Gleichung (3.8). So entsteht das ideelle Schubfeld nach Abb. 3.9 b).

$$s_{v,0} = \frac{V}{h} = \frac{H \cdot h/l}{h} = \frac{H}{l} \tag{3.8}$$

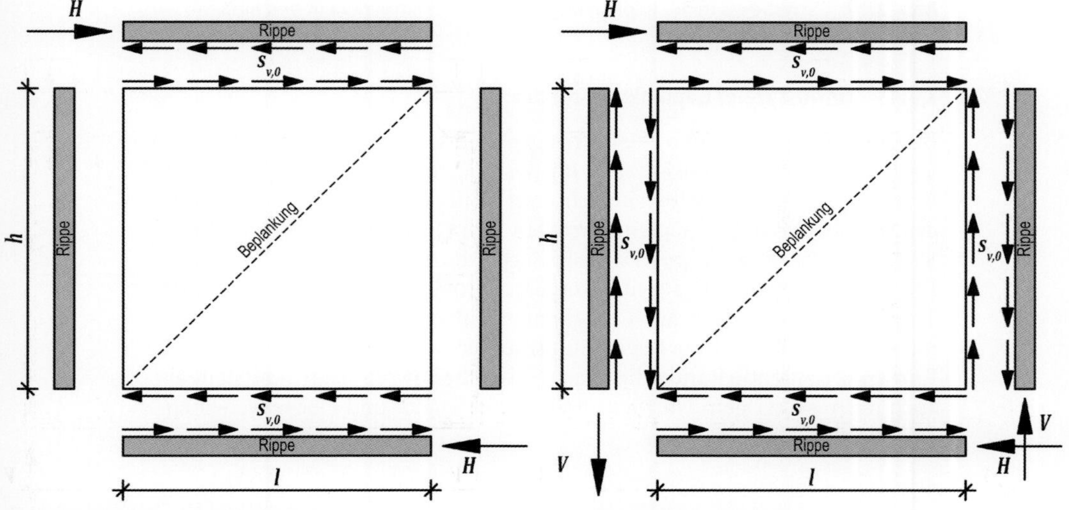

a) Schubfluss infolge horizontalem Kräftepaar b) Vollständiges Schubfeld

Abb. 3.9: Schubkraftübertragung zwischen Rippen und Beplankung

Die äußere Einwirkung ergibt zusammen mit der Integration des Schubflusses über die Rippenlänge den Normalkraftverlauf in den Rippen (Abb. 3.10). Sofern kein ideelles Schubfeld vorliegt, sind zusätzlich auftretende Schubbeanspruchungen zu berücksichtigen und gegebenenfalls mit den Schubnormalkräften zu überlagern. Bei Lasteinleitungen, welche komplexe Schubbeanspruchungen verursachen, ist die auftretende Beanspruchung entsprechend zu ermitteln und nachzuweisen.

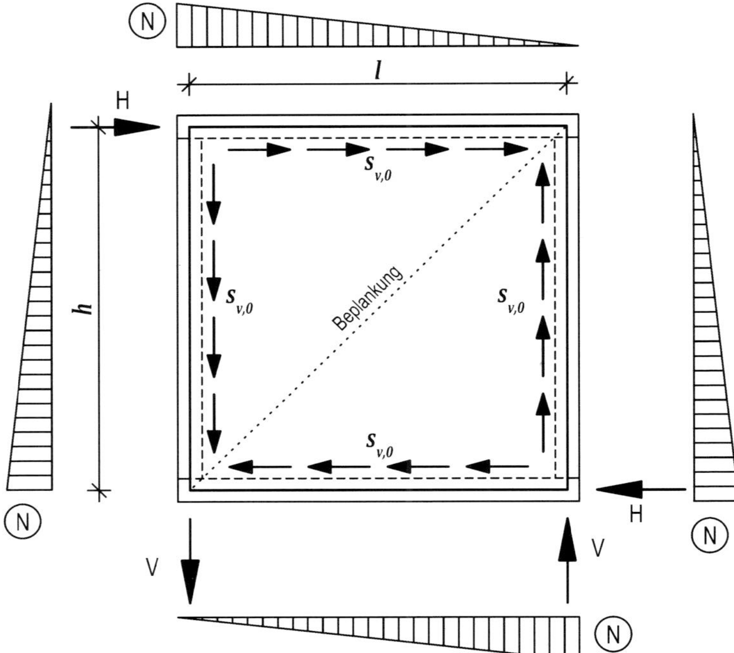

Abb. 3.10: Schubfluss in der Beplankung und Normalkraftverlauf in den Rippen

3.4.4 Einfluss freier Beplankungsränder

Bei den vorangegangenen Ausführungen sind schubsteife Stöße und umlaufende Randrippen Voraussetzung für das Tragverhalten. Bei großen Tafeln ist es aufgrund der Scheibenausdehnung häufig notwendig, die Beplankungen sowohl parallel als auch quer zu den Rippen zu stoßen. Da schwebende Stöße parallel zu den Rippen sowohl nach DIN 1052 als auch nach DIN EN 1995-1-1 nicht zulässig sind und diese Stöße weder eine ausreichende Tragfähigkeit noch Gebrauchstauglichkeit aufweisen, werden diese hier nicht behandelt. Als freie Beplankungsränder werden hingegen quer zu den Rippen verlaufende Ränder bezeichnet, welche sowohl nach aktuellem als auch nach vorherigem Normenstand nur für Dach- und Deckenscheiben zulässig sind.

KESSEL (2003) erläutert in [42] die positive Auswirkung der Dehn- und Biegefestigkeit von Beplankungen bei speziellen Verlegemustern je nach Belastungsrichtung. Die Richtungen der Rippenachsen, der Beplankungslängen und der Einwirkungen weisen einen essentiellen Einfluss auf das Tragverhalten von Tafeln mit freien Beplankungsrändern auf. Diesen Untersuchungen liegt die Annahme untereinander nicht verbundener Rippen zugrunde.

Der diskontinuierliche Beanspruchungsverlauf von Tafeln mit freien Plattenrändern ist in Abb. 3.11 bei Zugbeanspruchung der Tafeln und in Abb. 3.12 bei Druckbeanspruchung zu erkennen. Aufgrund der fehlenden Stoßunterstützung kann für den Stoß keine Schubsteifigkeit angesetzt werden. Bei der zugbeanspruchten Tafel nach Abb. 3.11 wird infolge nicht verbundener Rippen lediglich die der Einwirkung zugewandte Beplankung beansprucht.

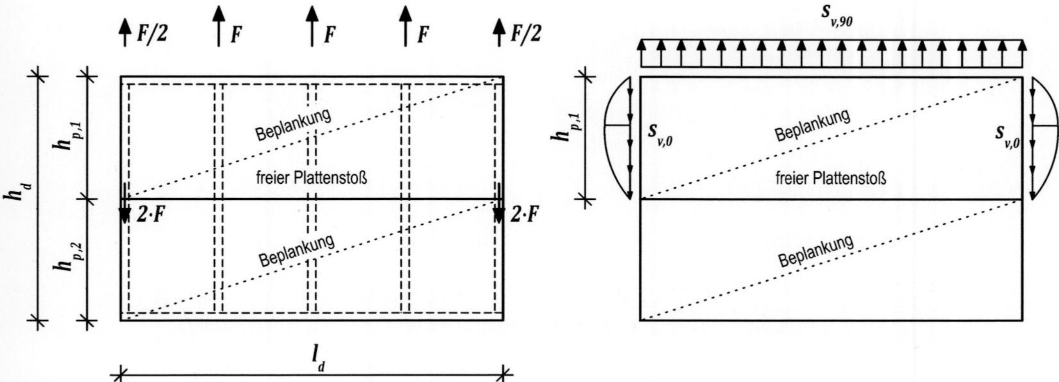

Abb. 3.11: Freier Plattenstoß quer zur Kraftrichtung – Variante mit Zugkräften

Durch eine Druckbeanspruchung der Tafel (Abb. 3.12) werden beide Beplankungen beansprucht, da ein Druckkontakt zwischen dem Obergurt und den Rand- und Innenrippen aktiviert wird.

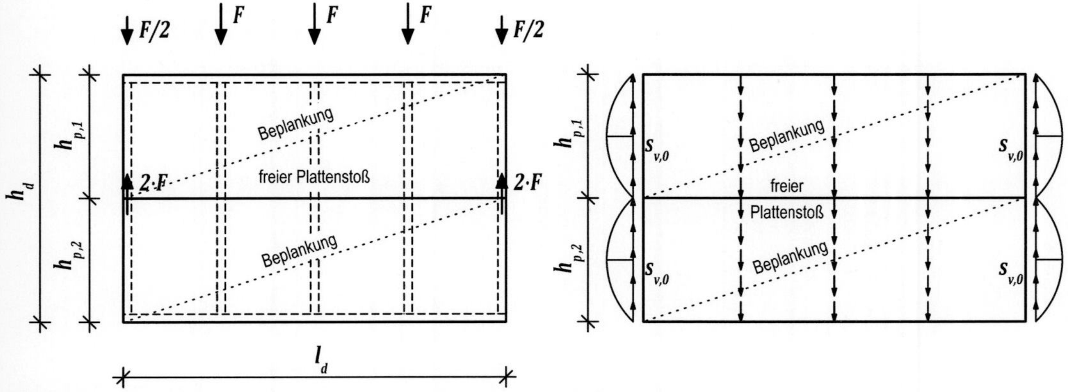

Abb. 3.12: Freier Plattenstoß quer zur Kraftrichtung - Variante mit Druckkräften

Die Rippen bewirken einen nachgiebigen Verbund der freien Ränder. Für Tafeln mit rippenparalleler Lasteinleitung und rechtwinklig zu den Rippen verlaufenden freien Beplankungsstößen tritt die maximale Verbundbeanspruchung im Bereich der Randrippe und der Eckbeplankung auf. Die Berechnung erfolgt nach den Gleichungen (3.9), (3.10) und (3.11).

$$s_{\mathrm{v},0} = \frac{l_\mathrm{d}}{2\,h_\mathrm{d}} \cdot q \tag{3.9}$$

$$s_{\mathrm{v},0,\max} = \frac{7}{6}\, s_{\mathrm{v},0} \tag{3.10}$$

$$s_{\mathrm{v},90,\max} = \frac{5 l_{\mathrm{p}1}}{3 h_\mathrm{p}} \cdot s_{\mathrm{v},0} \tag{3.11}$$

Damit kann für das maximal beanspruchte Verbindungsmittel die überlagerte Schubbeanspruchung nach Gleichung (3.12) ermittelt werden.

$$S_\mathrm{v} = a_1 \cdot s_{\mathrm{v},0} \cdot \frac{7}{6} \cdot \sqrt{\left(\frac{10\, l_{\mathrm{p}1}}{7\, h_\mathrm{p}}\right)^2 + 1} \tag{3.12}$$

In obengenannten Gleichungen sind die Variablen wie folgt definiert:

- l_d Scheibenlänge
- h_d Scheibenhöhe
- $l_{\mathrm{p}1}$ Breite des ersten Randstreifens mit $l_{p1} = 2 \cdot a_r$
- a_r Rippenabstand
- a_1 konstanter Verbindungsmittelabstand der Verbindungsmittel untereinander
- h_p Höhe der einzelnen Beplankung

Bei Tafeln mit freien Beplankungsstößen parallel zur Kraftrichtung (Abb. 3.13) ist die Steifigkeit und Tragfähigkeit im Vergleich zu einer Tafel mit schub-

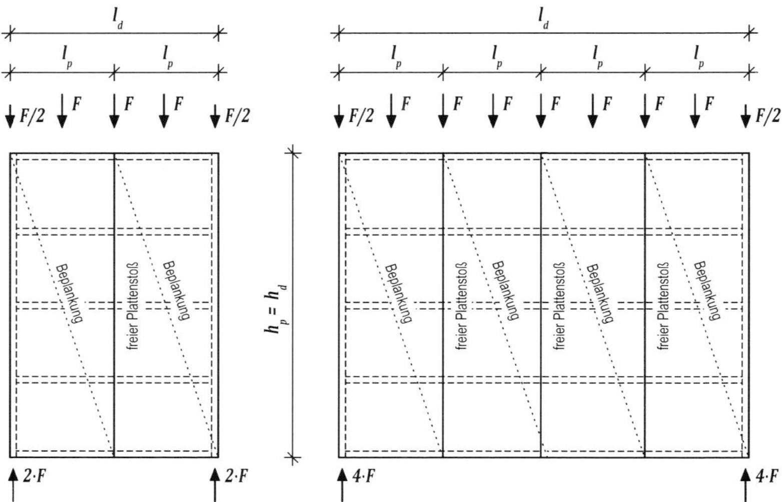

Abb. 3.13: Beplankungsstöße parallel zur Kraftrichtung

steifen Stößen verringert, da die Beplankung zur Sicherstellung des Gleichgewichtszustandes senkrecht zum Plattenrand durch $s_{v,90}$ beansprucht wird. Für die Lastweiterleitung ist die Biegesteifigkeit und -festigkeit der Beplankungen essentiell. Bei Tafeln mit mehreren freien Beplankungsstößen parallel zur Einwirkung wird die Tragfähigkeit weiterhin dadurch vermindert, dass die Beplankungsstöße überwiegend in den Bereichen der größten Querkraftbeanspruchungen der Tafel angeordnet sind.

Dennoch ist bei großflächigen Tafeln die Lasteinleitungsrichtung in Bezug auf den Verlauf der Plattenstöße unerheblich, da die Schubkräfte in den schubsteifen Stößen unabhängig von der Kraftrichtung gleich groß sind.

3.4.5 Einfluss freier Beplankungsränder ohne Gurte

Weist eine Tafel bei rippenparalleler Belastung keine Gurte auf, muss infolge der äußeren Einwirkung ein inneres Gleichgewicht ohne einen Schubfluss $s_{v,0}$ in den Gurten herrschen (Abb. 3.14).

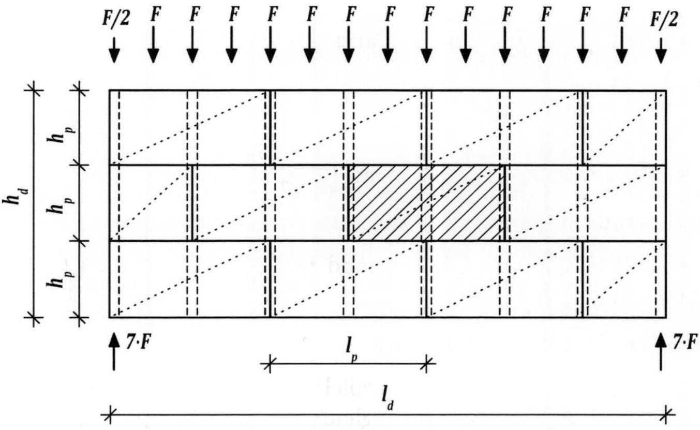

Abb. 3.14: Tafel mit freien Beplankungsrändern ohne Gurte

Die Schubbeanspruchungen des Verbundes zwischen Beplankung und Rippen ergibt sich nach Gleichung (3.13) und (3.14).

$$s_{v,0,max} = s_{v,0} = \frac{l_d}{2\,h_d} \cdot q_y \tag{3.13}$$

$$s_{v,90,max} = \frac{6\,l_{p1}}{3\,h_p} \cdot s_{v,0} \tag{3.14}$$

Voraussetzung für die Tragfähigkeit der Scheibe ohne Gurte ist die Beplankungsverlegung mit orthogonal zu den Rippen um das Maß l_{p1} versetzten Stößen. Ohne eine versetzte Stoßanordnung kann die Biegesteifigkeit und Biegefestigkeit der einzelnen Beplankungen und der Rippen nicht angesetzt werden. Abb. 3.15 zeigt ein einfaches statisches System einer Tafel mit freien Beplankungsrändern und ohne Gurte, bei der die Beplankung nur durch einen rippenparallelen Schubfluss beansprucht und die Biegesteifigkeit der Rippen vernachlässigt wird.

Für drei Beplankungsreihen quer zu den Rippen kann die Biegebeanspruchung der in Abb. 3.14 schraffierten Beplankung nach Gleichung (3.15) ausreichend genau ermittelt werden.

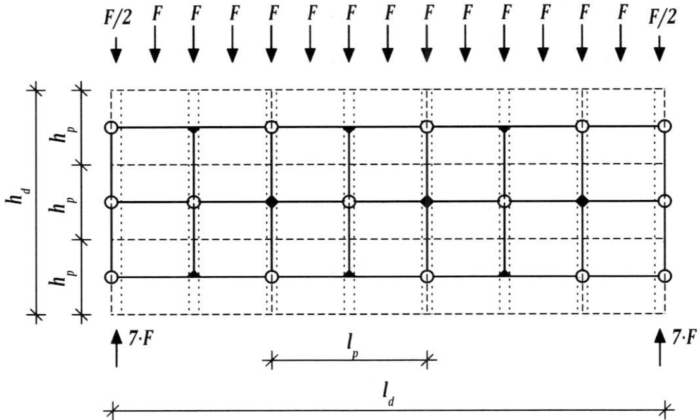

Abb. 3.15: Statisches System einer Tafel mit freien Plattenrändern ohne Gurte

$$\sigma_x = \frac{l_d^2}{8} \cdot q_y \cdot \frac{6}{t \cdot h_p^2} = \frac{3\, l_d^2}{4\, t \cdot h_p^2} \cdot q_y \tag{3.15}$$

Betrachtet man in Abb. 3.14 die schraffierte Beplankung in Scheibenmitte und die mittig angeordnete Innenrippe unter der Annahme, dass die Biegebeanspruchung der Scheibe allein über die Beanspruchung dieser Innenrippe erzeugt wird, so kann die Verbundbeanspruchung zwischen dieser Rippe und der schraffierten Beplankung als maßgebende Schubbeanspruchung nach Gleichung (3.16) angesehen werden.

$$s_{v,y} = \frac{l_d^2}{2\, l_p\, h_p}\, q_y = \frac{h_d\, l_d}{h_p\, l_p}\, s_{v,0} \tag{3.16}$$

Bei Berücksichtigung der Biegesteifigkeit der Rippen und Vernachlässigung der Biegesteifigkeit der Beplankung ergibt sich für eine Tafel mit freien Beplankungsrändern und ohne Gurte ein statisches Modell ähnlich einem Vierendeelträger, bei dem die äußeren Beplankungsreihen die Gurte und die Rippen die Pfosten darstellen. Zur Ausbildung eines Ersatzgurtes kann sowohl die Beplankung selbst oder eine aufgenagelte durchgehende Latte dienen. Bei Anordnung einer durchgehenden Latte als Ersatzgurt ist diese kraftschlüssig mit der Beplankung zu verbinden.

Wird die Beplankung selbst als Ersatzgurt angesetzt, ist diese explizit auf die Beanspruchung durch $s_{v,0}$ nachzuweisen und zug- und druckfest an den Rippen, beispielsweise durch eine konzentrierte Nagelung der Beplankung im Gurtbereich auf einer Breite von ca. $0{,}1h$, zu befestigen.

Aufgrund dieser Befestigung besteht für die Rippen am Tafelrand die Gefahr des Querzugversagens. COLLING (2011) empfiehlt daher in [24] die Verstärkung des Balkens im Bereich der konzentrierten Nagelung mit Stahlblechen.

4 Bemessung unter Anwendung der Schubfeldtheorie

4.1 Allgemeines

Nachfolgend wird der Bemessungsansatz nach aktuellem Normenstand der DIN EN 1995-1-1 [16] in Verbindung mit zugehöriger Änderung [17] und dem Nationalen Anhang für Deutschland DIN EN 1995-1-1/NA.D [18] (EC 5) für Dach-, Decken- und Wandscheiben unter Anwendung der in Kapitel 3.4 erläuterten Schubfeldtheorie angegeben. Als Grundlage für die Bemessung wird das Prinzip der Grenzzustände in Kombination mit der Methode der Teilsicherheitsbeiwerte nach DIN EN 1990 [10] zusammen mit dem zugehörigen Nationalen Anhang mit erster Änderung verwendet. Für Einwirkungskombinationen wird DIN EN 1991 [13] in Verbindung mit dem Nationalen Anhang für Deutschland [14] angewandt.

4.2 Dach- und Deckenscheiben

4.2.1 Allgemeines

Dach- und Deckentafeln sind im Sinne des EC 5 mit Holzwerkstoffplatten beplankte Tafeln mit einer Spannweite l und einer Scheibenhöhe b. In Abb. 4.1 sind Deckentafeln mit unterschiedlichen Belastungsrichtungen dargestellt. Eine als Kragarm ausgeführte Dachtafel zeigt Abb. 4.2. Es werden durch Gleichstreckenlasten beanspruchte Scheiben vorausgesetzt.

Die Abmessungen von Dach- und Deckentafeln sind für die Anwendbarkeit des vereinfachten Nachweises nach EC 5 auf $2b \leq l \leq 6b$ begrenzt. Bei Spannweiten $l < 2b$ dürfen Scheiben nach dem vereinfachten Verfahren berechnet werden, wenn die Lasten in Lastrichtung gleichmäßig über die gesamte Scheibenhöhe mittels durchgehender Rippen eingeleitet werden. Alternativ ist die rechnerische Scheibenhöhe auf 50 % der Spannweite zu reduzieren. Maßgebend für die Scheibenbemessung im Grenzzustand der Tragfähigkeit ist das Versagen der Verbindungsmittel.

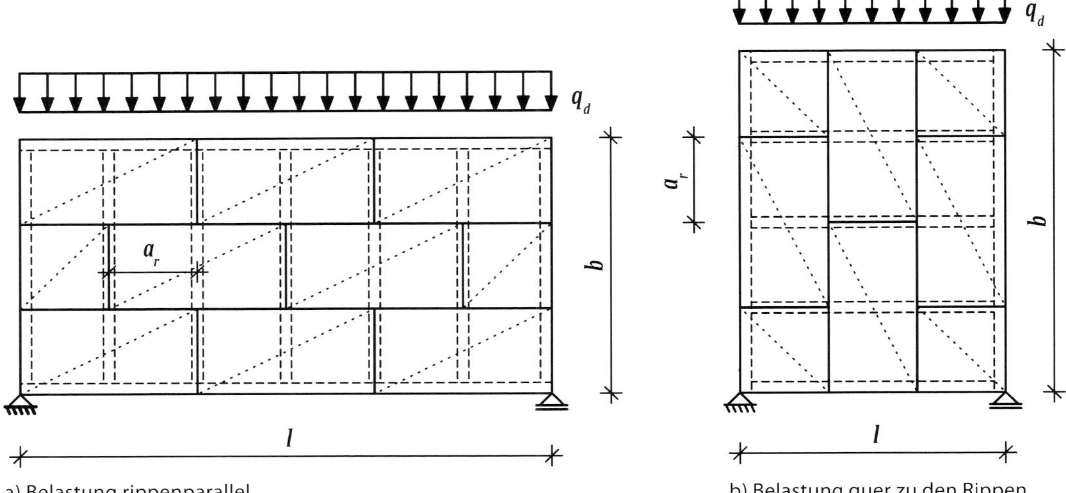

a) Belastung rippenparallel

b) Belastung quer zu den Rippen

Abb. 4.1: Deckentafeln

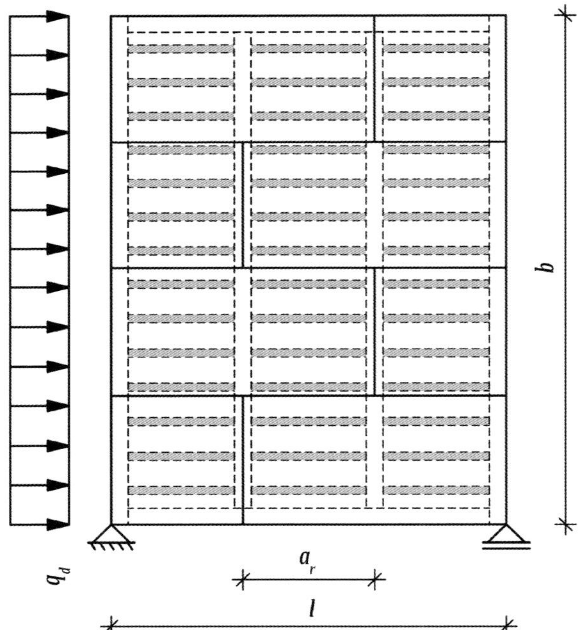

Abb. 4.2: Dachtafel als Kragarm mit Lasteinleitung über Verteiler (Latten)

Der Nachweis der Plattentragfähigkeit kann vereinfacht als Schubspannungsnachweis in der Beplankung geführt werden, wobei der Schubfluss über die Scheibenhöhe als konstant angesetzt werden kann. Zusätzliche Beanspruchungen der Beplankung infolge

- des Abstandes von Rippenachsen und Beplankungsmittelflächen und
- diskontinuierlicher, rechtwinklig zu den Rippenachsen gerichteter Kräfte

dürfen durch eine mit dem Faktor 0,50 bei beidseitiger und 0,33 bei einseitiger Beplankung verringerten Schubtragfähigkeit der Platten berücksichtigt werden. Bei Plattendicken $t < 1/35\ a_r$ mit dem Rippenabstand a_r ist das Plattenbeulen über eine Tragfähigkeitsreduzierung mit dem Faktor $35\ t/a_r$ zu erfassen.

Die Gurte sind vereinfacht für das nach den üblichen baustatischen Methoden ermittelte größte Biegemoment, die Randrippen hingegen für die größte Querkraft in der Scheibe zu bemessen. Bei Mehrfeldsystemen darf für die Ermittlung von Stützkräften und Beanspruchungen die Durchlaufwirkung vernachlässigt werden.

Der Nachweis der Lasteinleitung kann entfallen, wenn Druckkräfte ausschließlich über in Lastrichtung verlaufende Rippen eingeleitet werden, die rechnerische Scheibenhöhe, wie in Abb. 4.3 a) dargestellt, auf $h_{ef} \leq l/4$ begrenzt wird oder die angreifenden Lasten über die Scheibenhöhe verteilt sind. Die rechnerische Scheibenhöhe kann nach Abb. 4.3 b) mit $h_{ef} \leq l/2$ angesetzt werden, wenn auf den oberen und unteren Rand eine gleich verteilte Last einwirkt.

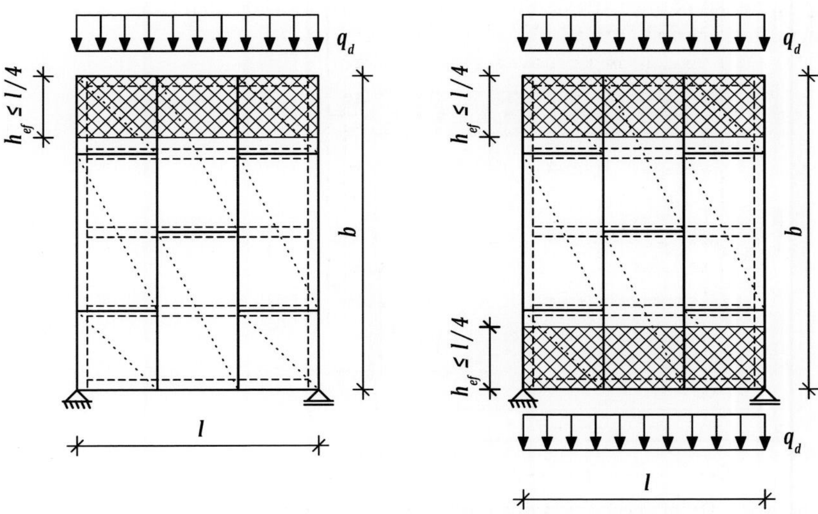

a) einseitige Lasteinleitung b) zweiseitige Lasteinleitung

Abb. 4.3: Effektive Scheibenhöhe bei Lasteinleitung quer zur Rippenachse

Auf den Nachweis der Tafeldurchbiegung kann verzichtet werden, wenn:

- die Tafelhöhe mindestens $l/4$ beträgt,
- die Plattenabmessungen jeweils mindestens 1,0 m betragen,
- die Einhaltung des Verbindungsmittelabstandes a_1 an allen unterstützten Plattenrändern gewährleistet ist und
- die charakteristische Verbindungsmitteltragfähigkeit nicht mit dem Faktor 1,2 nach EC 5, 9.2.3 (2) erhöht wird.

Bei Deckentafeln ist die Weiterleitung der Auflagerkräfte in die darunter angeordneten Wandtafeln, der Schubfluss in der Beplankung und den Verbindungsmitteln infolge der Scheibenquerkräfte sowie die Aufnahme der Biegemomente durch den Ober- und Untergurt nachzuweisen.

4.2.2 Globale Schnittgrößen und Auflagerreaktionen

4.2.2.1 Allgemeines

Zur Ermittlung der Auflagerreaktionen und der globalen Schnittgrößen wird von einer starren Deckenscheibe ausgegangen. Dabei ist die Steifigkeit der Decke so anzunehmen, dass in ihrer Scheibenebene keine Biegeverformungen auftreten. Die Scheibe erfährt lediglich eine Starrkörpertranslation und infolge von Exzentrizitäten eine Rotation. Die aussteifenden, lastabtragenden Wandscheiben wirken als Auflagerfedern (siehe dazu auch Kap. 4.3.3).

4.2.2.2 Ideeller Einfeldträger

Wird eine Deckenscheibe in Belastungsrichtung nur durch die Außenwände gestützt, so können die Schnittgrößen anhand eines ideellen Einfeldträgers ermittelt werden (Abb. 4.4).

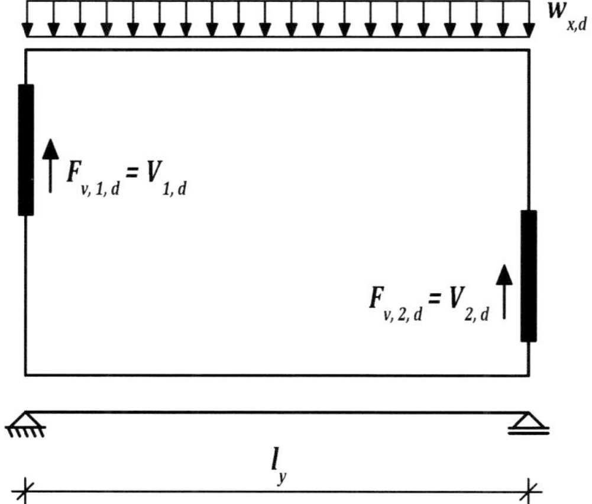

Abb. 4.4: Ideeller Einfeldträger unter gleichmäßiger Windeinwirkung

Nach EC 1-1-4 ist ein ausmittiger Windlastangriff bei torsionsgefährdeten Gebäuden durch eine asymmetrische Belastung beispielsweise mittels Trapezlast nach Abb. 4.5 anzusetzen. Durch den Ansatz einer Trapezlast wird die Windeinwirkung auf 70 % reduziert und eine Exzentrizität von ca. 0,075 l_y erreicht (Abb. 4.6).

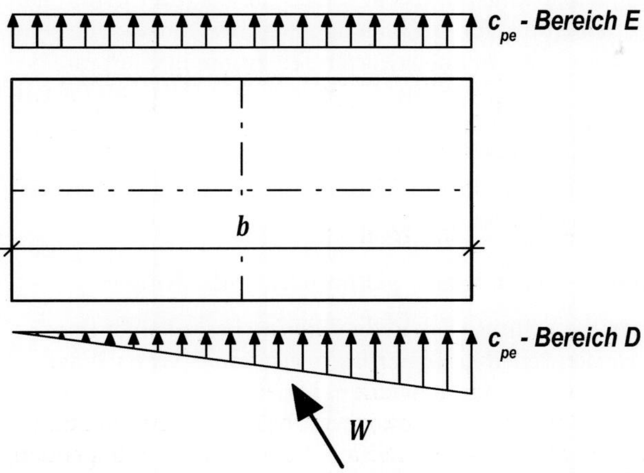

Abb. 4.5: Druckverteilung zur Erfassung von Torsionseffekten

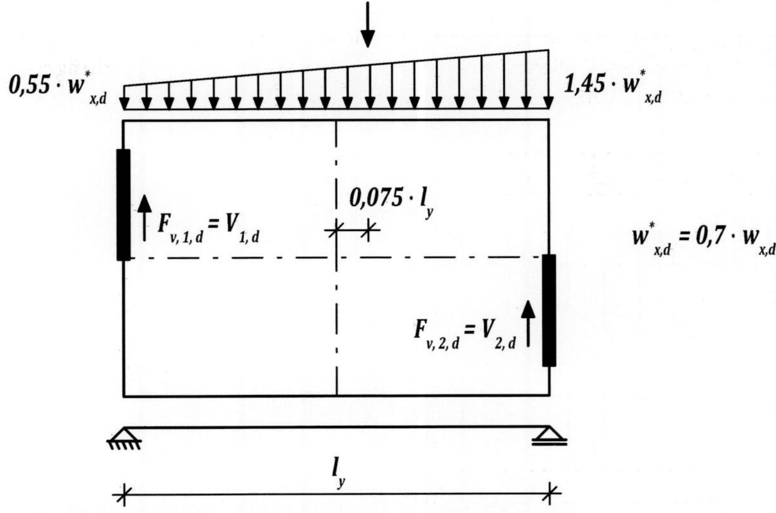

Abb. 4.6: Ideeller Einfeldträger mit ausmittigem Windangriff

4.2.2.3 Ideeller Durchlaufträger

Das statische System von über mehrere Felder durchlaufenden Dach- und Deckenscheiben kann als Durchlaufträger mit elastischer Federlagerung im Bereich der Wandscheiben idealisiert werden. Als jeweilige Federsteifigkeit wird die entsprechende Wandsteifigkeit angesetzt. Dach- und Deckenscheiben werden als starre Scheiben angenommen, sodass die Biegeverformungen von üblichen Deckenscheiben im Vergleich zu den Schubverformungen sehr gering sind. Dadurch treten keine nennenswerten Stützmomente auf und das Tragverhalten ähnelt gekoppelten Einfeldträgern. COLLING (2011) stellt in [24] vier unterschiedliche Varianten zur Ermittlung von Schnittgrößen und Auflagerkräften für über mehrere Felder durchlaufende Dach- und Deckenscheiben zusammen. Nachfolgend wird die Bezeichnung der jeweiligen Verfahren an seine Varianten angelehnt.

Variante „0“: Vereinfachtes Verfahren – gekoppelte Einfeldträger

Nach EC 5/NA.D dürfen die Schnittgrößen von über mehrere Felder durchlaufenden Dach- und Deckenscheiben näherungsweise unter Vernachlässigung einer Durchlaufwirkung berechnet werden. Dazu wird das statische Durchlaufträgersystem an den Zwischenauflagern um Momentengelenke ergänzt. Für die Auflager sind keine Federsteifigkeiten definiert. Das Prinzip ist in Abb. 4.7 dargestellt.

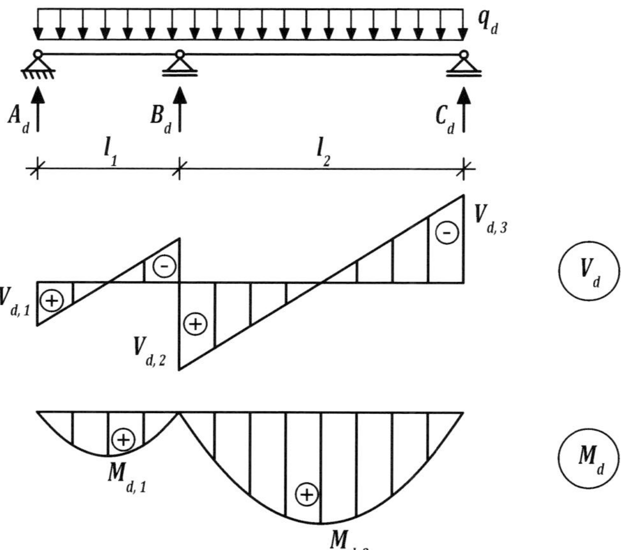

Abb. 4.7: Schnittgrößen bei gleichmäßiger Streckenlast

Bei diesem Verfahren werden keine geometrischen Exzentrizitäten berücksichtigt. Ein exzentrischer Lastangriff kann hingegen beispielsweise durch eine trapezförmige Streckenlast berücksichtigt werden.

Die Auflagerkräfte lassen sich über den Ansatz einer Einflussbreite ermitteln. Alle Schnittgrößen können mit den üblichen baustatischen Methoden für Einfeldträger unter Berücksichtigung der Auflagerkräfte bestimmt werden.

Variante „I": Vereinfachtes Verfahren ohne Exzentrizitäten

Die zur Abtragung der Horizontallasten angesetzten Wände stellen für Dach- und Deckenscheiben eine Auflagerfeder dar. Bei diesem Verfahren wird eine proportionale Abhängigkeit der Wandsteifigkeit zur Wandlänge vorausgesetzt, sodass das Verhältnis der Wandlängen zueinander als Proportionalitätsfaktor für die Wandsteifigkeiten verwendet werden kann. Die Wandsteifigkeiten werden dann als Auflagersteifigkeiten für die statischen Systeme angesetzt. Die jeweiligen Auflagerreaktionen ergeben sich bei Gebäuden ohne oder mit nur sehr geringen geometrischen oder lastspezifischen Exzentrizitäten infolge der jeweiligen Auflagersteifigkeiten nach Gleichung (4.1).

$$F_{\mathrm{v,i,d}} = F_{\mathrm{v,d,ges}} \cdot \frac{l_{\mathrm{i}}}{\sum l_{\mathrm{i}}} \tag{4.1}$$

Liegt eine Exzentrizität vor, so entsteht ein Rotationsmoment. Dieses Moment führt zu einer Kraftumlagerung, sodass zur Gewährleistung der Unverschieblichkeit des Grundrisses Querwände aktiviert werden müssen. COLLING stellt fest, dass bei Vernachlässigung der Exzentrizitäten eine Ungenauigkeit dieses Verfahrens von 40 % vorliegt. Das statische System eines Durchlaufträgers mit unterschiedlichen Auflagersteifigkeiten ist beispielhaft in Abb. 4.8 dargestellt.

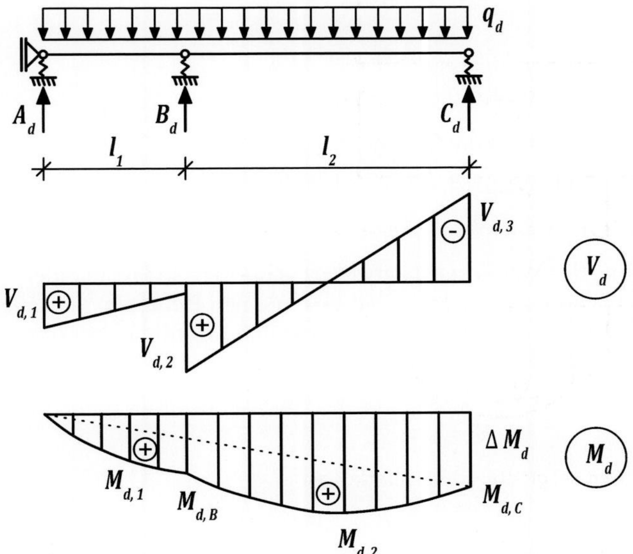

Abb. 4.8: Schnittgrößen bei Ansatz unterschiedlicher Auflagersteifigkeiten

Die Schnittgrößenermittlung kann über die Auflagerkräfte nach den üblichen baustatischen Methoden erfolgen. Die für die Bemessung maßgebenden Schnittgrößen ergeben sich aus den betragsmäßig größten Werten. Im Momentenverlauf ergibt sich bei nicht symmetrischer Anordnung der Wandscheiben oder bei Wänden mit unterschiedlicher Steifigkeit ein Zusatzmoment ΔM_d. Durch diese Exzentrizität herrscht kein Momentengleichgewicht zwischen den äußeren Lasten. Die Rotation der Scheibe wird durch quer zum betrachteten System verlaufende Wandscheiben verhindert, sodass bei Betrachtung des Gesamtgebäudes ein Momentengleichgewicht hergestellt werden kann. Da das Rotationsmoment nicht als äußere Last angreift und damit nicht feststeht, an welchem Scheibenrand das Zusatzmoment für die Ermittlung der maximalen Schnittgrößen berücksichtig werden muss, ist eine Schnittgrößenermittlung sowohl von *links nach rechts* mit einem rechten Schnittufer als auch von *rechts nach links* mit einem linken Schnittufer erforderlich. Die maximalen Schnittgrößen aus beiden Schnittgrößenverläufen sind für weitere Berechnungen zu verwenden.

Variante „II": Vereinfachtes Verfahren mit geometrischen Exzentrizitäten

Die Auflagerkräfte werden unter Berücksichtigung der geometrischen Exzentrizität ermittelt. Zur Ermittlung der Exzentrizität kann nachfolgendes Schema verwendet werden:

- Schwerpunktkoordinaten der Wandscheiben

$$x_S = \frac{\sum l_{y,i} \cdot x_i}{\sum l_{y,i}} \tag{4.2}$$

$$y_S = \frac{\sum l_{x,i} \cdot y_i}{\sum l_{x,i}} \tag{4.3}$$

mit $l_{y,i}$: Länge der i-ten Wandscheibe in y-Richtung

x_i: Hebelarm der i-ten Wandscheibe zur y-Achse

$l_{x,i}$: Länge der i-ten Wandscheibe in x-Richtung

y_i: Hebelarm der i-ten Wandscheibe zur x-Achse

Die Querausdehnung der Wände wird dabei vernachlässigt, sodass parallel zu den Koordinatenachsen angeordnete Wände nur einen Hebelarm aufweisen. Abb. 4.9 verdeutlicht den Bezug zu dem gewählten Koordinatensystem und stellt die Schwerpunktkoordinaten dar.

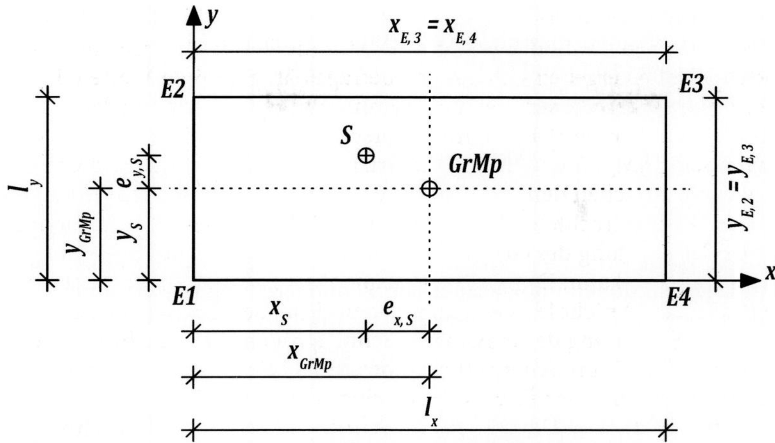

Abb. 4.9: Grundrissabmessungen und Schwerpunktkoordinaten

- Geometrischer Schwerpunkt der Grundrissfläche

Nachfolgend wird für Grundrisse ein unregelmäßiges, geschlossenes Polygon zur Darstellung einer allgemeingültigen Ermittlung des geometrischen Schwerpunktes zugrunde gelegt. Die Eckpunktnummerierung erfolgt im Uhrzeigersinn. Dabei sind der Eckpunkt „1" ($x_{E,1}$, $y_{E,1}$) sowie der n-te Eckpunkt ($x_{E,n}$, $y_{E,n}$) identisch (Abb. 4.9). Die Ermittlung der geometrischen Schwerpunktkoordinaten erfolgt nach den Gleichungen (4.4) und (4.5).

$$x_{GrMp} = \frac{1}{6 \cdot A} \sum_{i=1}^{n} (x_{E,i}^2 + x_{E,i} \cdot x_{E,i+1} + x_{E,i+1}^2) \cdot (y_{E,i} - y_{E,i+1}) \quad (4.4)$$

$$x_{GrMp} = \frac{1}{6 \cdot A} \sum_{i=1}^{n} (y_{E,i}^2 + y_{E,i} \cdot y_{E,i+1} + y_{E,i+1}^2) \cdot (x_{E,i} - x_{E,i+1}) \quad (4.5)$$

Die Grundrissfläche A kann nach Gleichung (4.6) ermittelt werden.

$$A = \frac{1}{2} \cdot \sum_{i=1}^{n} (x_{E,i} + x_{E,i+1}) \cdot (y_{E,i} - y_{E,i+1}) \quad (4.6)$$

- Exzentrizitäten des Schwerpunktes zum Grundriss-Mittelpunkt

$$e_{x,S} = x_S - x_{GrMp} \quad (4.7)$$

$$e_{y,S} = y_S - y_{GrMp} \quad (4.8)$$

Infolge der Schwerpunktexzentrizitäten treten aus der Horizontalbelastung Rotationsmomente nach den Gleichungen (4.9) und (4.10) auf.

$$\Delta M_{x,d} = H_{x,d} \cdot e_{y,s} \quad (4.9)$$

$$\Delta M_{y,d} = H_{y,d} \cdot e_{x,s} \quad (4.10)$$

Bei der Ermittlung der Auflagerreaktionen von Dach- oder Deckenscheibe erzeugt die Horizontalbelastung in x-Richtung Auflagerreaktionen nach den Gleichungen (4.11) und (4.12). Abb. 4.10 stellt exemplarisch die Wandlängen und Hebelarme dar.

$$F_{v,x,i,d} = H_{x,d} \cdot \frac{l_{x,i}}{\sum l_{x,i}} + \Delta M_{x,d} \cdot \frac{(y_i - y_S) \cdot l_{x,i}}{I_p} \tag{4.11}$$

$$\Delta F_{v,y,i,d} = \Delta M_{x,d} \cdot \frac{(x_s - x_i) \cdot l_{y,i}}{I_p} \tag{4.12}$$

Die Auflagerreaktionen infolge einer Horizontalbelastung in y-Richtung können analog nach den Gleichungen (4.13) und (4.14) ermittelt werden.

$$F_{v,y,i,d} = H_{y,d} \cdot \frac{l_{y,i}}{\sum l_{y,i}} + \Delta M_{y,d} \cdot \frac{(x_S - x_i) \cdot l_{y,i}}{I_p} \tag{4.13}$$

$$\Delta F_{v,x,i,d} = \Delta M_{y,d} \cdot \frac{(y_i - y_S) \cdot l_{x,i}}{I_p} \tag{4.14}$$

Die Rotationsmomente sind vorzeichengetreu in oben angegebene Gleichungen einzusetzen. Das polare Trägheitsmoment I_p der Wandscheiben um den Rotationsmittelpunkt kann nach Gleichung (4.15) ermittelt werden.

$$I_p = \sum l_{x,i} \cdot (y_i - y_S)^2 + \sum l_{y,i} \cdot (x_S - x_i)^2 \tag{4.15}$$

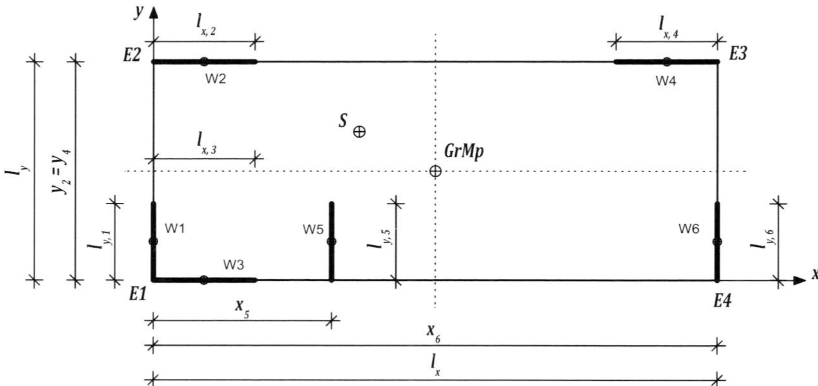

Abb. 4.10: Beispiel-Grundriss

Die Schnittgrößen werden anschließend aus den Auflagerkräften entsprechend Variante „I" bestimmt. Der Schnittgrößenverlauf ähnelt Abb. 4.8, wenn auch das Zusatzmoment ΔM im Vergleich zu einer Berechnung nach Variante „I" betragsmäßig einen kleineren Wert aufweisen wird. Dies ist in der Berücksichtigung von geometrischen Exzentrizitäten bei der Ermittlung der Auflagerreaktionen in Variante „II" begründet.

Variante „III“: Genaueres Verfahren mit Exzentrizitäten

Die Erfassung aller auftretenden Exzentrizitäten stellt im Vergleich zu den Varianten „0“ bis „II“ ein wesentlich genaueres Verfahren dar. Es wird dabei neben den geometrischen Exzentrizitäten auch ein exzentrischer Lastangriff, wie beispielsweise für Windlasten in EC 1-1-4 für rotationsanfällige Gebäude gefordert, berücksichtigt. Dabei sind mehrere Laststellungen zu untersuchen. Die Berücksichtigung der geometrischen Exzentrizitäten erfolgt wie unter Variante „II“ angegeben. Die Exzentrizität des Lastangriffes $e_{x,L}$ und $e_{y,L}$ wird zu der geometrischen Exzentrizität $e_{x,S}$ und $e_{y,S}$ addiert. Die Gesamtexzentrizität ergibt sich damit nach den Gleichungen (4.16) und (4.17).

$$e_x = e_{x,S} + e_{x,L} \tag{4.16}$$

$$e_y = e_{y,S} + e_{y,L} \tag{4.17}$$

Die Ermittlung des Rotationsmomentes ΔM sowie der Auflagerreaktionen erfolgt analog zu Variante „II“. Das statische System ist ebenfalls außermittig zu belasten, beispielsweise mittels Trapezlast. Vereinfacht kann als Ausmitte des Windangriffs $e_{x,L} = 0{,}075 \cdot l_x$ beziehungsweise $e_{y,L} = 0{,}075 \cdot l_y$ angesetzt werden.

Aufgrund veränderter Auflagerreaktionen im Vergleich zu Variante „0“ ist hier von veränderten Schnittkraftverläufen auszugehen.

4.2.3 Schubfluss bei rippenparalleler Belastung

Rippen und Gurte werden infolge rippenparalleler Belastung nach Abb. 4.1 a) nur in Längsrichtung beansprucht. Der Schubfluss $s_{v,0,d}$ zur Bemessung von Beplankung und Verbindungsmitteln kann auf jeder Rippe über die dort vorhandene Querkraft V_d nach Gleichung (4.18) ermittelt werden.

$$s_{v,0,d} = \frac{V_d}{b} \tag{4.18}$$

Maßgebend wird jedoch der Schubfluss infolge maximaler Querkraft. Aus dem Schubfluss sind die erforderlichen Verbindungsmittelabstände zu berechnen. Diese sind an den Randrippen konstant einzuhalten, wohingegen an den Innenrippen die Abstände entsprechend des Schubflusses abgestuft werden können. Schubflüsse an Öffnungen sind separat nach Kapitel 4.2.6 zu erfassen.

4.2.4 Schubfluss bei Belastung quer zu den Rippen

Bei Belastung einer Dach- oder Deckenscheibe orthogonal zu den Innenrippen kann der Schubfluss nach dem vereinfachten Verfahren des EC 5 unter Ansatz einer effektiven Tafelhöhe nach Kapitel 4.2.1 und Abb. 4.3 ermittelt werden. Eine Überlagerung von $s_{v,0,d}$ und $s_{v,90,d}$ wird weder in der DIN EN 1995-1-1 noch im Nationalen Anhang explizit geregelt. Die Lasteinleitung ist jedoch rechnerisch nachzuweisen, sofern die Schubkräfte mit der vollen Tafelhöhe ermittelt werden.

Durch den Ansatz einer effektiven Tafelhöhe treten in Beplankung und Verbindungsmitteln rechnerisch höhere Kräfte infolge des verkleinerten inneren Hebelarms auf. Dadurch entstehen Lastreserven, wodurch der

Schubfluss $s_{v,90,d}$ nicht explizit nachgewiesen werden muss. Die Scheibenbemessung ist auch bei Ansatz der vollen Tafelhöhe möglich, sofern für den Verbundnachweis $s_{v,0,d}$ und $s_{v,90,d}$ überlagert werden.

Für das vereinfachte Verfahren kann der Schubfluss $s_{v,0,d}$ nach Gleichung (4.19) bestimmt werden.

$$max\ s_{v,0,d} = \frac{max\ V_d}{b_{ef}} \tag{4.19}$$

Für den Nachweis mit Überlagerung der Schubbeanspruchungen kann $s_{v,0,d}$ nach Gleichung (4.20) und $s_{v,90,d}$ nach Gleichung (4.21) ermittelt werden.

$$max\ s_{v,0,d} = \frac{max\ V_d}{b} \tag{4.20}$$

$$s_{v,90,d} = q_d \tag{4.21}$$

4.2.5 Ermittlung der Rippenkräfte

Durch eine Integration des Schubflusses $s_{v,0,d}$ ergeben sich die maximalen Rippennormalkräfte. Die maximalen Gurtkräfte können vereinfacht nach Gleichung (4.22) bestimmt werden.

$$Z_d = -\ D_d = \frac{max\ M_d}{b} \tag{4.22}$$

Die Rippenkräfte können entsprechend des Querkraftverlaufs bei rippenparalleler Lasteinleitung oder über die Zug- und Druckkraftverteilung über die Scheibenhöhe bei Lasteinleitung rechtwinklig zu den Rippen ermittelt werden.

Ein genaueres Bemessungsverfahren für nicht schubsteif verbundene Beplankungen im Bereich von freien Stößen ist in [42] angegeben.

4.2.6 Berücksichtigung von Öffnungen

4.2.6.1 Allgemeines

Öffnungen sind in Dach- und Deckenscheiben zu berücksichtigen und bewirken eine erhöhte Schubbeanspruchung im Öffnungsbereich. Diese zusätzliche Beanspruchung ist in die benachbarten Bereiche, beispielsweise über Verteiler oder Auswechselungen, einzuleiten und abzutragen. Befindet sich die Öffnung im Bereich großer Querkräfte, so ist auch eine größere Schubbeanspruchung in die Nachbarbereiche einzuleiten als bei Anordnung der Öffnung in weniger durch Querkräfte beanspruchten Bereichen (Abb. 4.11).

Befinden sich Öffnungen im Randbereich der Scheibe, so sind die Gurte als Biegebalken zu bemessen und auszuführen.

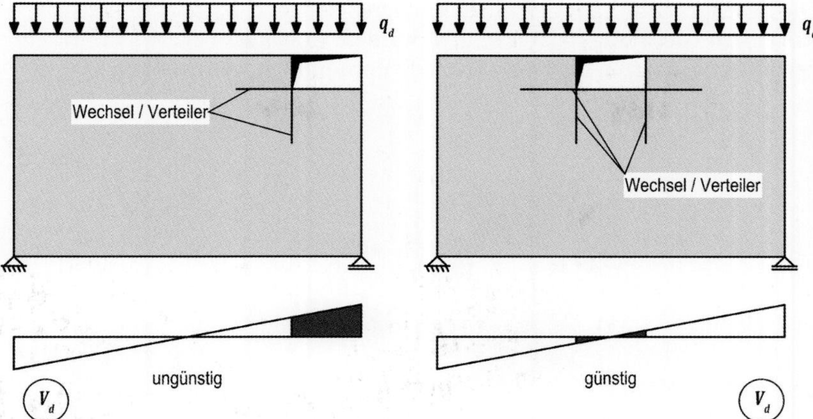

Abb. 4.11: Einfluss von Querkräften auf die Anordnung von Öffnungen

4.2.6.2 Rippenparallele Lasteinleitung

Eine Ausbildung von Teilscheiben ist durch Anordnung von zusätzlichen Ersatzgurten generell möglich. Über die Schubfeldtheorie lässt sich die Scheibe als Ganzes rechnerisch erfassen, indem zunächst die Beanspruchungen der Scheibe unter Vernachlässigung der Öffnung ermittelt werden. Im Bereich der Öffnung wird der vorhandene mittlere Schubfluss $s_{v,0,d,m}$ als äußere Belastung in negativer Richtung auf den Öffnungsrand angesetzt (Abb. 4.12).

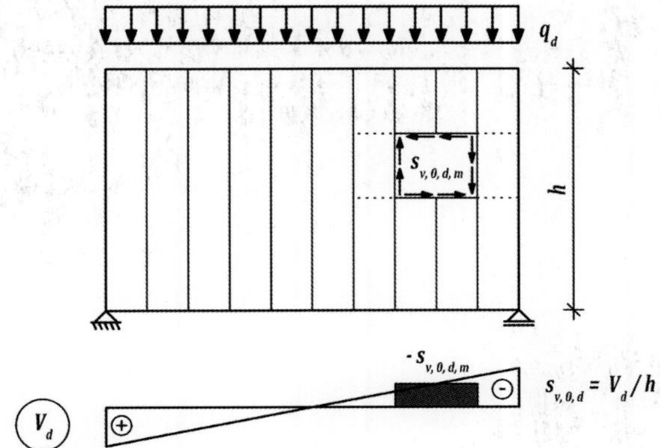

Abb. 4.12: Mittlerer Schubfluss im Öffnungsbereich

Die Beanspruchung aus dem Schubfluss in den benachbarten Bereichen kann nach Gleichung (4.23) ermittelt werden, wobei der Faktor *k* für die einzelnen benachbarten Bereiche Abb. 4.13 entnommen werden kann.

$$\Delta s_{v,0,d,i} = k \cdot s_{v,0,d,m} \tag{4.23}$$

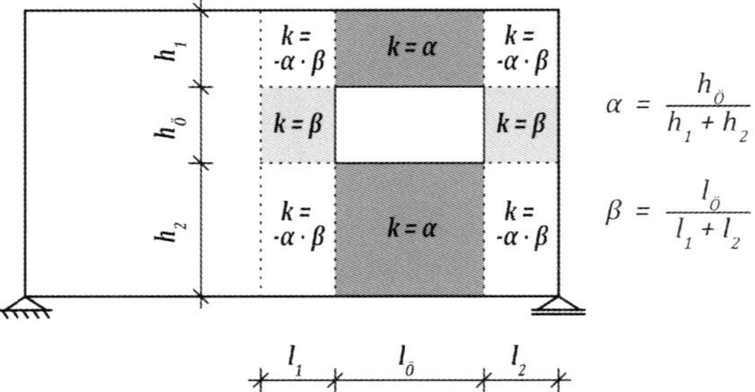

Abb. 4.13: Faktor zur Berücksichtigung benachbarter Bereiche

Quer zu den Rippen ist die Ausbildung eines Wechsels oder eines Ersatzgurtes erforderlich. Dieser ist für den aufzunehmenden Schubfluss zu bemessen.

4.2.6.3 Lasteinleitung orthogonal zu den Rippen

Bei einer Lasteinleitung rechtwinklig zu den Rippen können bei Ausbildung von Teilscheiben die Rippen über und unter der Öffnung als Randgurte dienen, wobei die seitlichen Teilscheiben nicht berücksichtigt werden. Befinden sich Öffnungen im Randbereich der Scheibe, so ist die Krafteinleitung aus dem biegebeanspruchten Randbalken in die Scheibe über Auswechselungen und Verteiler herzustellen (Abb. 4.14). Zur Bemessung der Verteiler kann der Schubfluss nach Gleichung (4.24) ermittelt werden.

$$s_{v,0,d} = \frac{F_d}{l_{Verteiler}} \tag{4.24}$$

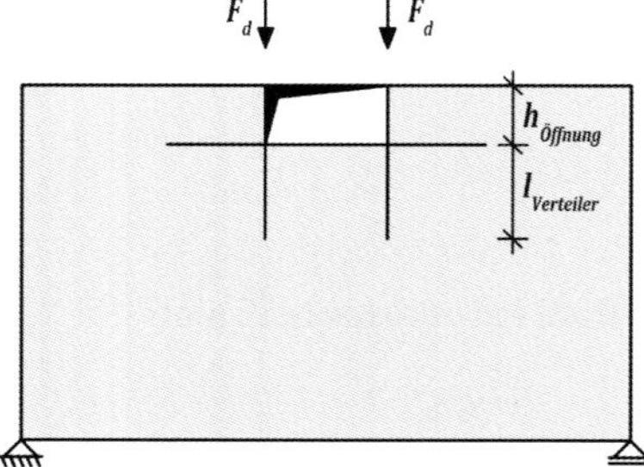

Abb. 4.14: Lasteinleitung über Verteiler in die Scheibe

4.2.7 Nachweise

4.2.7.1 Rippen und Gurte

Die Rippen und Gurte sind sowohl für die vertikale Plattenbeanspruchung als auch für die horizontale Scheibenbeanspruchung zu bemessen. Eine Überlagerung der Einwirkung ist je nach Art der Einwirkung erforderlich.

Biegung und Zug

Für Rippen und Gurte mit Beanspruchung auf Biegung und Zug müssen folgende Bedingungen erfüllt sein:

$$\frac{\sigma_{t,0,d}}{f_{t,0,d}} + \frac{\sigma_{m,y,d}}{f_{m,y,d}} + k_m \cdot \frac{\sigma_{m,z,d}}{f_{m,z,d}} \leq 1 \tag{4.25}$$

$$\frac{\sigma_{t,0,d}}{f_{t,0,d}} + k_m \cdot \frac{\sigma_{m,z,d}}{f_{m,z,d}} + \frac{\sigma_{m,z,d}}{f_{m,z,d}} \leq 1 \tag{4.26}$$

Für den Beiwert k_m kann in der Regel

- für Vollholz, Brettschichtholz (BSH) und Furnierschichtholz bei Rechteckquerschnitten $k_m = 0{,}7$,
- bei anderen Querschnitten sowie für andere tragende Holzwerkstoffe $k_m = 1{,}0$
  angesetzt werden. Zusätzlich zu den Nachweisen nach Gleichungen (4.25) und (4.26) sind gegebenenfalls Stabilitätsnachweise zu führen.

Druck parallel zur Faser

Für Rippen und Gurte mit reiner Druckbeanspruchung parallel zur Faser muss die Bedingung nach Gleichung (4.27) erfüllt sein.

$$\frac{\sigma_{c,0,d}}{f_{c,0,d}} \leq 1 \tag{4.27}$$

Biegung und Druck

Für Rippen und Gurte mit Beanspruchung auf Biegung und Druck sind die Gleichungen (4.28) und (4.29) zu erfüllen:

$$\left(\frac{\sigma_{c,0,d}}{f_{c,0,d}}\right)^2 + \frac{\sigma_{m,y,d}}{f_{m,y,d}} + k_m \cdot \frac{\sigma_{m,z,d}}{f_{m,z,d}} \leq 1 \tag{4.28}$$

$$\left(\frac{\sigma_{c,0,d}}{f_{c,0,d}}\right)^2 + k_m \cdot \frac{\sigma_{m,y,d}}{f_{m,y,d}} + \frac{\sigma_{m,z,d}}{f_{m,z,d}} \leq 1 \tag{4.29}$$

Für den Beiwert k_m können die Werte wie für die Beanspruchung auf Biegung und Zug angesetzt werden. Stabilitätsnachweise sind zusätzlich zu führen.

Stabilitätsnachweise

In Dach- und Deckentafeln gelten druck- oder biegebeanspruchte Gurte und Rippen als ausreichend gegen Knicken und Biegedrillknicken gesichert, sofern die Tafeln mit beidseitiger, aussteifender Beplankung kontinuierlich verbunden sind. Der Rippenabstand muss dafür die Bedingung $a_r \leq 50 \cdot t$ erfüllen. Wird die Scheibe als Rechteck mit einem Seitenverhältnis von $h/b \leq 4$ ausgeführt, so gelten diese Regelungen auch für Rippen mit einseitiger, aussteifender Beplankung.

Biegeknicken von Druckstäben

Der bezogene Schlankheitsgrad kann nach den Gleichungen (4.30) und (4.31) ermittelt werden.

$$\lambda_{rel,y} = \frac{\lambda_y}{\pi}\sqrt{\frac{f_{c,0,k}}{E_{0,05}}} \tag{4.30}$$

$$\lambda_{rel,z} = \frac{\lambda_z}{\pi}\sqrt{\frac{f_{c,0,k}}{E_{0,05}}} \tag{4.31}$$

mit $\lambda = \frac{l_{ef}}{i}$ und $i = \sqrt{\frac{I}{A}}$

Ist $\lambda_{rel,y} = \lambda_{rel,z} \leq 0{,}3$, sollte der Nachweis für Biegung und Druck nach den Gleichungen (4.28) und (4.29) erfüllt sein. Andernfalls sind für die Spannungen nachfolgende Gleichungen (4.32) bis (4.38) zu erfüllen.

$$\frac{\sigma_{c,0,d}}{k_{c,y} \cdot f_{c,0,d}} + \frac{\sigma_{m,y,d}}{f_{m,y,d}} + k_m \cdot \frac{\sigma_{m,z,d}}{f_{m,z,d}} \leq 1 \tag{4.32}$$

$$\frac{\sigma_{c,0,d}}{k_{c,z} \cdot f_{c,0,d}} + k_m \cdot \frac{\sigma_{m,y,d}}{f_{m,y,d}} + \frac{\sigma_{m,z,d}}{f_{m,z,d}} \leq 1 \tag{4.33}$$

$$k_{c,y} = \frac{1}{k_y + \sqrt{k_y^2 - \lambda_{rel.y}^2}} \tag{4.34}$$

$$k_{c,z} = \frac{1}{k_z + \sqrt{k_z^2 - \lambda_{rel.z}^2}} \tag{4.35}$$

$$k_y = 0{,}5 \cdot (1 + \beta_c \cdot (\lambda_{rel,y} - 0{,}3) + \lambda_{rel,y}^2) \tag{4.36}$$

$$k_z = 0{,}5 \cdot (1 + \beta_c \cdot (\lambda_{rel,z} - 0{,}3) + \lambda_{rel,z}^2) \tag{4.37}$$

$$\beta_c = \begin{cases} 0{,}2 \text{ für Vollholz} \\ 0{,}1 \text{ für Brettschichtholz und Furnierschichtholz)} \end{cases} \tag{4.38}$$

Biegedrillknicken von Biegestäben

Der bezogene Kippschlankheitsgrad kann für Nadelholz mit vollem Rechteckquerschnitt nach Gleichung (4.39) angesetzt werden, wobei das 5%-Quantil des Steifigkeitskennwertes bei Verwendung von Brettschichtholz um 40% erhöht werden darf.

$$\lambda_{rel,m} = \sqrt{\frac{f_{m,k} \cdot h \cdot l_{ef}}{0{,}78 \cdot b^2 \cdot E_{0,05}}} \tag{4.39}$$

Die Spannungen müssen die Gleichungen (4.40) bis (4.42) erfüllen:

$$\frac{\sigma_{c,0,d}}{k_{c,y} \cdot f_{c,0,d}} + \frac{\sigma_{m,y,d}}{k_{crit} \cdot f_{m,y,d}} + \left(\frac{\sigma_{m,y,d}}{f_{m,z,d}}\right)^2 \leq 1 \tag{4.40}$$

$$\frac{\sigma_{c,0,d}}{k_{c,z} \cdot f_{c,0,d}} + \left(\frac{\sigma_{m,y,d}}{k_{crit} \cdot f_{m,y,d}}\right)^2 + \frac{\sigma_{m,z,d}}{f_{m,z,d}} \leq 1 \tag{4.41}$$

$$k_{crit} = \begin{cases} 1 & \text{für } \lambda_{rel,m} \leq 0{,}75 \\ 1{,}56 - 0{,}75 \cdot \lambda_{rel,m} & \text{für } 0{,}75 < \lambda_{rel,m} \leq 1{,}4 \\ \frac{1}{\lambda_{rel,m}^2} & \text{für } 1{,}40 < \lambda_{rel,m} \end{cases} \tag{4.42}$$

4.2.7.2 Beplankung und Verbindungsmittel

Für den Nachweis des Verbundes zwischen Beplankung und Verbindungsmitteln ist bei einer reinen Schubnormalkraftbeanspruchung oder bei Anwendung des vereinfachten Verfahrens ohne Überlagerung von $s_{v,0,d}$ und $s_{v,90,d}$ die Bedingung nach Gleichung (4.43) zu erfüllen.

$$s_{v,0,d} \leq f_{v,0,d} \qquad (4.43)$$

Für die Überlagerung von $s_{v,0,d}$ und $s_{v,90,d}$ ist die Bedingung nach Gleichung (4.44) einzuhalten.

$$\sqrt{\left(\frac{s_{v,0,d}}{f_{v,0,d}}\right)^2 + \left(\frac{s_{v,90,d}}{f_{v,90,d}}\right)^2} \leq 1 \qquad (4.44)$$

Die Schubfestigkeiten sind von der Tragfähigkeit der Verbindungsmittel R_d, dem Verbindungsmittelabstand a_v, der Schubfestigkeit $f_{v,d}$ beziehungsweise der Druckfestigkeit $f_{c,d}$ der Platten und der Beulgefahr der Beplankung in Korrelation von Plattendicke t und Rippenabstand a_r abhängig und können nach den Gleichungen (4.45) bis (4.48) bestimmt werden.

$$f_{v,0,d} = \min \begin{cases} k_{v1} \cdot \dfrac{R_d}{a_v} & \text{Verbindungsmitteltragfähigkeit} \\ k_{v1} \cdot k_{v2} \cdot f_{v,d} \cdot \mathrm{t} & \text{Schubfestigkeit der Platte} \\ k_{v1} \cdot k_{v2} \cdot f_{v,d} \cdot \dfrac{35 \cdot t^2}{a_r} & \text{Schubbeulen} \end{cases} \qquad (4.45)$$

$$f_{v,90,d} = \min \begin{cases} \dfrac{R_d}{a_v} & \text{Verbindungsmitteltragfähigkeit} \\ k_{v2} \cdot f_{c,d} \cdot \mathrm{t} & \text{Druckfestigkeit der Platte} \\ k_{v2} \cdot f_{c,d} \cdot \dfrac{20 \cdot t^2}{a_r} & \text{Druckbeulen} \end{cases} \qquad (4.46)$$

$$k_{v1} = \begin{cases} 1{,}00 & \text{allseitig schubsteif verbundene Plattenränder} \\ 0{,}66 & \text{nicht allseitig schubsteif verbundene Plattenränder} \end{cases} \qquad (4.47)$$

$$k_{v2} = \begin{cases} 0{,}33 & \text{bei einseitiger Beplankung} \\ 0{,}50 & \text{bei beidseitiger Beplankung} \end{cases} \qquad (4.48)$$

Die Tragfähigkeit von Verbindungsmitteln an den Plattenrändern darf mit dem Faktor 1,2 erhöht werden, sofern ein Nachweis der Tafeldurchbiegung geführt wird.

Die Verbindungsmitteltragfähigkeit auf Abscheren ist nach EC 5 Kapitel 8 entsprechend der verwendeten Verbindungsmittel zu führen. Bei Holzwerkstoff-Holz-Verbindungen weisen Holzwerkstoffe in Abhängigkeit von der Lasteinwirkungsdauer und den klimatischen Bedingungen ein anderes Tragverhalten als Vollholzquerschnitte auf. Dieser Einfluss kann durch Ansatz eines quadratischen Mittelwertes der k_{mod}-Werte beider Werkstoffe nach Gleichung (4.49) berücksichtigt werden.

$$k_{mod} = \sqrt{k_{mod,1} \cdot k_{mod,2}} \qquad (4.49)$$

4.3 Wandscheiben

4.3.1 Allgemeines

Wandtafeln im Sinne des EC 5 sind rechteckige, ausgesteifte Tafeln der Breite b und der Tafelhöhe h mit regelmäßig angeordneten lotrechten Rippen und horizontal verlaufenden Kopf- und Fußrippen. Die Einleitung von Scheibenbeanspruchungen erfolgt ausschließlich über die Kopfrippe (Rähm). Wandscheiben müssen auf horizontale und vertikale Lasteinwirkungen bemessen werden. Die Wandscheibenaussteifung muss in ihrer Ebene mit Plattenwerkstoffen, Diagonalaussteifungen oder biegesteifen Verbindungen erfolgen. Nachfolgend wird nur auf die Wandscheibenausbildung mit Plattenwerkstoffen eingegangen. Die einzelne Plattenbreite ist, wie in Abb. 4.15 a) dargestellt, auf $b_p \geq h/4$ beschränkt. Die Beplankung kann sowohl ein- als auch beidseitig angeordnet werden. Dabei ist die Beplankung entweder über die volle Tafelhöhe aus durchgehenden Platten herzustellen oder höchstens einmal horizontal schubsteif zu stoßen (Abb. 4.15 b). Bei einem horizontalen Stoß ist die Tragfähigkeit der Platte unter Horizontallast um 1/6 abzumindern, sofern kein genauerer Verformungsnachweis geführt wird und die Plattenbreite $b_p < h/2$ ist. Vertikale Plattenstöße sind nur auf vertikalen Rippen zulässig, wohingegen freie und schwebende Plattenstöße generell nicht zulässig sind. Die Verbindungsmittel sind entlang jedes Plattenumfanges konstant zu verteilen. Jede Wand ist ausreichend gegen Kippen und Gleiten zu sichern. Die seitlichen Randrippen sind druck- und zugfest mit der Unterkonstruktion zu verbinden.

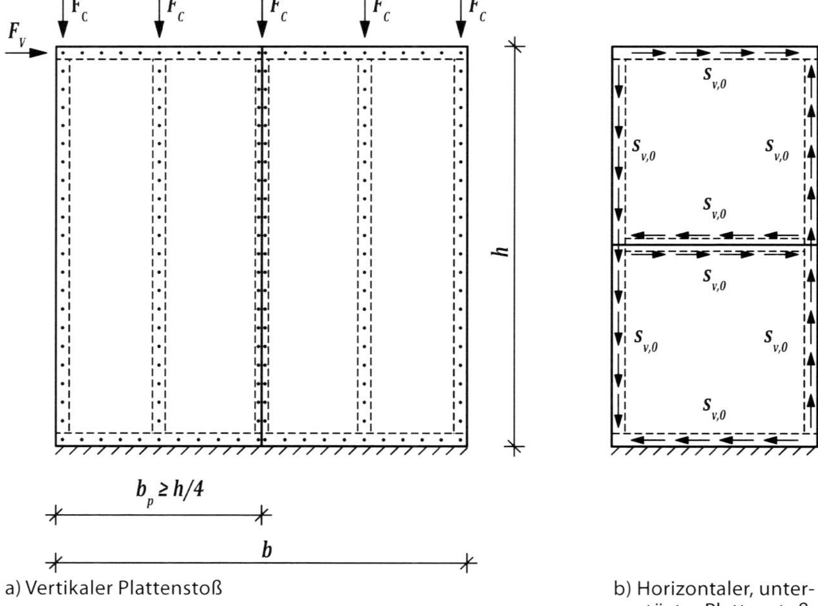

a) Vertikaler Plattenstoß

b) Horizontaler, unterstüzter Plattenstoß

Abb. 4.15: Wandtafeln

Bei einer Wandausbildung mit zweiseitiger Beplankung gleicher Art und gleicher Abmessungen darf die Scheibentragfähigkeit als Summe der Wandscheibentragfähigkeiten der einzelnen Seiten angesetzt werden. Bei Verwendung unterschiedlicher Beplankungen und Verbindungsmittel ist die Tragfähigkeit abzumindern.

Auf einen Beulnachweis der Beplankung infolge Schubbeanspruchung kann verzichtet werden, sofern der lichte Abstand zwischen den Pfosten b_{net} die Bedingung $b_{net} \leq 100 \cdot t$ mit t als Beplankungsdicke erfüllt. Sofern der Abstand der Verbindungsmittel auf dem Mittelpfosten höchstens doppelt so groß ist wie der Verbindungsmittelabstand entlang der Beplankungsränder, darf der Mittelpfosten als Beplankungsunterstützung angesehen werden.

Befinden sich einzelne Öffnungen mit Abmessungen kleiner als 200 mm × 200 mm in der Beplankung, so dürfen diese bei der Ermittlung der Beanspruchungen vernachlässigt werden. Die Abmessungen mehrerer Öffnungen dürfen jeweils maximal 10 % der Tafelabmessungen betragen. Größere Öffnungen sind nachzuweisen. Alternativ können Tafeln mit großen Öffnungen für die Abtragung von Horizontallasten nicht berücksichtigt werden. Wandelemente mit großen Öffnungen für Leitungsdurchführungen, Fenster- und Türelemente sind als nicht aussteifend anzusehen.

4.3.2 Verformungen von Wandscheiben

Die resultierende Kopfverschiebung einer Wandscheibe setzt sich, analog zur Steifigkeit, zusammen aus:

- Längsverformung der Randrippen u_E nach Gleichung (4.50),
- Schubverformung der Beplankung u_G nach Gleichung (4.51),
- Nachgiebigkeit der Verbindungsmittel u_K nach Gleichung (4.52),
- Kopfverschiebung infolge Querdruckpressung v_{90} der Randrippe u_v nach Gleichung (4.53) und
- Ankerverformung u_A nach Gleichung (4.54).

$$u_{E,inst} = \frac{2}{3} \cdot \frac{F}{E_{R,0,mean} \cdot A_R} \left(b + \frac{h^3}{b^2} \right) \tag{4.50}$$

$$u_{G,inst} = \frac{F \cdot h}{G_{B,mean} \cdot A_B \cdot n_B} \tag{4.51}$$

$$u_{K,inst} = \frac{2 \cdot F \cdot a_v \cdot (h + b)}{K_{ser,n} \cdot b^2 \cdot n_B} \tag{4.52}$$

$$u_{v,inst} = v_{90} \cdot \frac{h}{b} \cdot \frac{\sigma_{c,90,k}}{1{,}2 \cdot k_{c,90} \cdot f_{c,90,k} \cdot k_{mod}} \tag{4.53}$$

$$u_{A,inst} = \frac{F_A}{n_A \cdot n_S \cdot K_{ser,A}} \tag{4.54}$$

$$A_B = t \cdot l_B \tag{4.55}$$

Darin bedeuten

F	Horizontalkraft am Wandkopf
$E_{R,0,mean}$	Elastizitätsmodul des Holzes
A_R	Querschnittsfläche der Rippe
h	Höhe der Wandtafel
b	Länge der Wandtafel
$G_{B,mean}$	Schubmodul der Beplankung
A_B	Schubfläche der Beplankung nach Gleichung (4.55)
t	Dicke der Beplankung
l_B	Länge der Beplankung
n_B	Anzahl der Beplankungen (einseitige oder zweiseitige Beplankung)
a_v	Abstand der Verbindungsmittel untereinander
$K_{ser,n}$	Verschiebungsmodul der stiftförmigen Verbindungsmittel zum Anschluss der Beplankung nach Tabelle 4.1
$\sigma c_{,90,k}$	Druckspannung in der Randrippe
F_A	Ankerkraft
n_A	Anzahl der Verbindungsmittel in der Wandverankerung
n_S	Anzahl der Scherfugen in der Verbindung
$K_{ser,A}$	Verschiebungsmodul der Verbindungsmittel in der Wandverankerung nach Tabelle 4.1

Bei voller Auslastung der Kontaktfläche darf die Querdruckpressung v_{90} zu $v_{90} = 1$ mm angenommen werden. Die Gesamtverschiebung am Wandkopf kann nach Gleichung (4.56) aus der Summe aller Verformungsanteile bestimmt werden.

$$u_{inst} = u_{E,inst} + u_{G,inst} + u_{K,inst} + u_{v,inst} + u_{A,inst} \tag{4.56}$$

Die Kopfverschiebung infolge Querdruckpressung ist, je nach Ausführung der Wand und Notwendigkeit einer Zugverankerung, für die Schwelle im Bereich der druckbeanspruchten Randrippe zu berücksichtigen.

Tabelle 4.1: Verschiebungsmodul K_{ser} für stiftförmige Verbindungsmittel im Holztafelbau

Verbindungsmittel	K_{ser}
Schrauben	$\rho_m{}^{1,5} \cdot \frac{d}{23}$
Nägel (nicht vorgebohrt)	$\rho_m{}^{1,5} \cdot \frac{d^{08}}{30}$
Klammern	$\rho_m{}^{1,5} \cdot \frac{d^{08}}{80}$
ρ_m in kg/m³; d in mm; bei unterschiedlichen mittleren Rohdichten gilt $\rho_m = \sqrt{\rho_{m,1} \cdot \rho_{m,2}}$	

4.3.3 Steifigkeit einer Wandscheibe

Die Steifigkeit K_W einer Wandscheibe ergibt sich in Abhängigkeit von der resultierenden Kopfverschiebung nach Gleichung (4.57).

$$K_W = \frac{F}{u_{inst}} \tag{4.57}$$

Es besteht ein direkter Zusammenhang zwischen der Kopfverformung einer Wandscheibe und der Schubbeanspruchung $s_{v,o}$. Da die Schubbeanspruchung wiederum proportional zur Wandlänge ist, kann von einem proportionalen Zusammenhang zwischen Wandtafelsteifigkeit K_W und Wandtafellänge ausgegangen werden.

4.3.4 Ermittlung des Schubflusses

Wandtafeln unter horizontaler Scheibenbeanspruchung

Die Auflagerreaktionen der Dach- und Deckenscheiben stellen die Horizontalbelastungen der jeweiligen Wände dar. Aus der Wandkopfbelastung $F_{v,i,d}$ kann der jeweilige Schubfluss $s_{v,0,i,d}$ jeder Wand nach Gleichung (4.58) in Abhängigkeit der Wandlänge b_i direkt ermittelt werden.

$$s_{v,0,i,d} = \frac{F_{v,i,d}}{b_i} \tag{4.58}$$

Der Verbund zwischen Beplankung und Rippen ist für diesen umlaufend konstanten Schubfluss zu bemessen.

Wandtafeln unter vertikaler Scheibenbeanspruchung

Bei vertikaler Scheibenbeanspruchung erfolgt die Lastabtragung über die Rippen und über den Verbund zwischen Beplankung und Rippen. Die auftretenden Verbundkräfte zwischen Beplankung und Rähm bzw. Schwelle entsprechen der vertikalen, gleichmäßig verteilten Auflast nach Gleichung (4.59).

$$s_{v,90,i,d} = q_{i,d} \tag{4.59}$$

Einzellasten $F_{c,r,d}$ sollten unmittelbar in die vertikalen Rippen eingeleitet werden. Für Wände nach Abb. 4.16 wird der Schubfluss einer vertikalen Innenrippe vereinfacht nach Gleichung (4.60) ermittelt.

$$s_{v,0,i,d} = \frac{F_{c,r,d} + q_{id} \cdot a_r}{h_r} \tag{4.60}$$

Zur genaueren Ermittlung des Schubflusses einer vertikal gleichmäßig belasteten Wandscheibe können die Rippenkräfte auch aus den Auflagerreaktionen der Kopfrippe ermittelt werden. Einzellasten sind für die Normalkraftermittlung einer Rippe zu berücksichtigen.

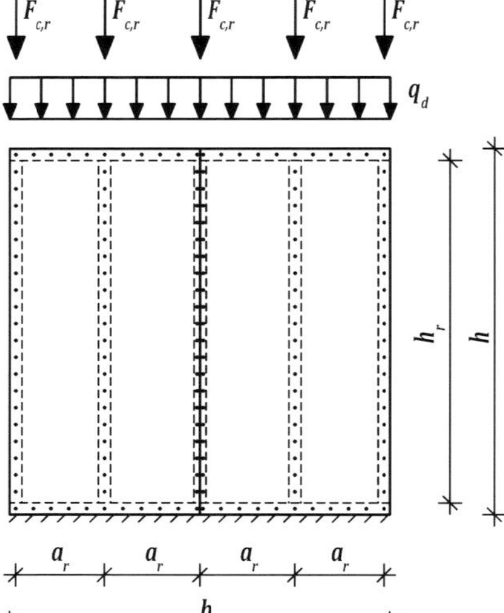

Abb. 4.16: Wandtafel mit vertikaler Scheibenbeanspruchung

4.3.5 Ermittlung der Rippenkräfte

Wandtafeln unter horizontaler Scheibenbeanspruchung

Die auftretenden äußeren Belastungen einer Wandscheibe sind exemplarisch in Abb. 4.17 dargestellt.

Die Normalkraftbeanspruchung der Kopf- und Fußrippe entspricht der einwirkenden Horizontalkraft $F_{\mathrm{v,i,d}}$. Die maximalen Rippenkräfte treten in den Randrippen auf (Abb. 4.17) und berechnen sich nach Gleichung (4.61). Die druckbeanspruchte Randrippe erzeugt zudem die maximale Schwellenpressung. Wandscheiben sind generell mit einer Endverankerung zu versehen. Die Zugkräfte sind dabei direkt über den Pfosten in den Untergrund einzuleiten.

$$F_{\mathrm{t,i,d}} = F_{\mathrm{c,i,d}} = F_{\mathrm{v,i,d}} \cdot \frac{h}{b} = s_{\mathrm{v,0,i,d}} \cdot h \tag{4.61}$$

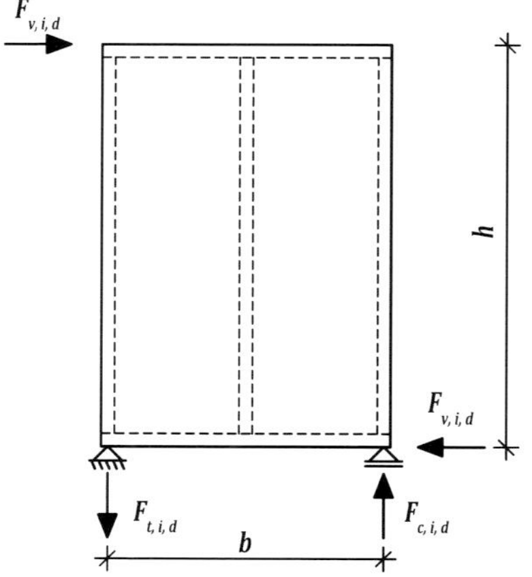

Abb. 4.17: Einwirkende Kräfte auf eine Wandscheibe

Die Kräfte der Randrippen können alternativ auch in benachbarte Wandscheiben eingeleitet werden. Die Schubkraftübertragung ist dabei sicherzustellen und nachzuweisen. Wandscheiben mit Tür- und Fensteröffnungen sollten nicht zur Aufnahme von Horizontallasten angesetzt werden. Ist dies jedoch zwingend erforderlich, so können die entsprechenden Wandscheiben in Teilscheiben aufgeteilt werden. Die Tafelelemente mit den entsprechenden Öffnungen werden nicht zur Kraftübertragung angesetzt. Eine über alle Tafelelemente durchgehende Kopf- und Fußrippe ist zur Einleitung der Horizontalkraft anzuordnen. Die einzelnen Tafelelemente sind entsprechend der anteiligen Horizontalkräfte nachzuweisen.

Die Nachweise der Randrippen, der Verankerung und der Schwellenpressung sind mit den maximalen Rippenkräften zu führen.

Wandtafeln unter vertikaler Scheibenbeanspruchung

Für die Lasteinleitung von Vertikallasten in eine Wandscheibe kann vereinfacht von einer reinen Einleitung über die Kopfrippe in die vertikalen Rippen unter Vernachlässigung der Beplankung ausgegangen werden. Die Beanspruchung der Kopfrippe als Durchlaufträger kann nach den üblichen baustatischen Methoden ermittelt werden. Die daraus resultierenden Auflagerreaktionen stellen die Belastung der vertikalen Rippen dar.

4.3.6 Nachweise

4.3.6.1 Rippen und Gurte

Für die Rippen und Gurte sind je nach Belastung sowohl die Querschnittsnachweise auf Biegung und Zug beziehungsweise Druck als auch die Nachweise gegen Biegeknicken und gegen Biegedrillknicken analog Kapitel 4.2.7.1 zu führen. Der Nachweis der Schwellenpressung infolge horizontaler Aussteifungslasten muss die Bedingung nach Gleichung (4.62) erfüllen.

$$\sigma_{c,90,d} = \frac{F_{c,90,d}}{A_{ef}} \leq 1{,}2 \cdot k_{c,90} \cdot f_{c,90,d} \tag{4.62}$$

Darin bedeuten

- $F_{c,90,d}$ Bemessungswert der Druckkraft in Rippe oder Gurt
- A_{ef} Wirksame Querschnittsfläche von Rippe oder Gurt nach Gleichung (4.63)
- $k_{c,90}$ Beiwert für Schwellendruck nach Gleichung (4.64)
- $f_{c,90,d}$ Bemessungswert der Druckfestigkeit rechtwinklig zur Faserrichtung

$$A_{ef} = \begin{cases} (l_r + 30\text{ mm}) \cdot b_r & \text{für eine Endrippe} \\ (l_r + 2 \cdot 30\text{ mm}) \cdot b_r & \text{für eine Innenrippe} \end{cases} \tag{4.63}$$

$$k_{c,90} = \begin{cases} 1{,}00 \text{ für } l_1 < 2h \text{ (BSH und VH), für } l_1 \geq 2h \text{ und VH aus LH} \\ 1{,}50 \text{ bei Brettschichtholz} \\ 1{,}25 \text{ bei Vollholz aus Nadelholz} \end{cases} \tag{4.64}$$

Der Faktor 1,2 in Gleichung (4.62) berücksichtigt eine linear verteilte Auflagerpressung im Bereich der druckbeanspruchten Randrippe, da die Druckkraft nicht punktförmig in den Untergrund eingeleitet wird. Daher ist sowohl für vertikale Lasten als auch für den Querdruck in der Kopfrippe der Nachweis ohne den Faktor 1,2 zu führen. Für einen Nachweis der Schwellenpressung infolge einer Kombination von Horizontal- und Vertikalkräften wird der Nachweis nach Gleichung (4.65) vorgeschlagen.

$$\sigma_{c,90,d} = \frac{\dfrac{F_{c,90,d\,(H)}}{1{,}2_p} + F_{c,90,d\,(V)}}{A_{ef}} \leq k_{c,90} \cdot f_{c,90,d} \tag{4.65}$$

Dabei stellt $F_{c,90,d\,(H)}$ den Anteil an der Rippendruckkraft infolge horizontaler Scheibenbeanspruchung und $F_{c,90,d\,(V)}$ den Anteil infolge vertikaler Scheibenbeanspruchung dar.

4.3.6.2 Beplankung und Verbindungsmittel

Für den Nachweis des Verbundes zwischen Beplankung und Verbindungsmitteln ist die Bedingung nach Gleichung (4.66) zu erfüllen.

$$s_{v,0,d} \leq f_{v,0,d} \tag{4.66}$$

Das Nachweisverfahren des EC 5 berücksichtigt keine rechtwinklig zu den Rippenachsen auftretenden Schubbeanspruchungen. Bei einer kombinierten Scheibenbeanspruchung aus vertikalen und horizontalen Lasten kann der Nachweis jedoch durch eine vektorielle Überlagerung der beiden Beanspruchungen nach Gleichung (4.67) erfasst werden.

$$\sqrt{\left(\frac{s_{v,0,d}}{f_{v,0,d}}\right)^2 + \left(\frac{s_{v,90,d}}{f_{v,90,d}}\right)^2} \leq 1 \tag{4.67}$$

Die Schubfestigkeit ist von der Tragfähigkeit der Verbindungsmittel R_d, dem Verbindungsmittelabstand a_v, der Schubfestigkeit $f_{v,d}$ beziehungsweise der Druckfestigkeit $f_{c,d}$ der Platten und der Beulgefahr der Beplankung in Korrelation von Plattendicke t und Rippenabstand a_r abhängig und kann nach den Gleichungen (4.68) bis (4.71) bestimmt werden.

$$f_{v,0,d} = \min \begin{cases} k_{v1} \cdot c \cdot \dfrac{R_d}{a_v} & \text{Verbindungsmitteltragfähigkeit} \\ k_{v1} \cdot k_{v2} \cdot f_{v,d} \cdot t & \text{Schubfestigkeit der Platte} \\ k_{v1} \cdot k_{v2} \cdot f_{v,d} \cdot \dfrac{35 \cdot t^2}{a_r} & \text{Schubbeulen} \\ \min f_{t,k} & \text{min. Zugfestigkeit der Beplankung für Scheibenbeanspruchung} \end{cases} \tag{4.68}$$

$$c = \begin{cases} 1{,}0 & \text{für } b_i \geq h/2 \\ \dfrac{2 \cdot b_i}{h} & \text{für } b_i < h/2 \end{cases} \tag{4.69}$$

$$k_{v1} = 1{,}00 \tag{4.70}$$

$$k_{v2} = \begin{cases} 0{,}33 & \text{bei einseitiger Beplankung} \\ 0{,}50 & \text{bei beidseitiger Beplankung} \end{cases} \tag{4.71}$$

Der Faktor c berücksichtigt den Einfluss schlanker Wandscheiben in Abhängigkeit der Scheibenhöhe h und -breite b_i.

Die Verbindungsmitteltragfähigkeit auf Abscheren ist nach EC 5 Kapitel 8 entsprechend der verwendeten Verbindungsmittel zu führen. Wie auch für Dach- und Deckenscheiben können die unterschiedlichen k_{mod}-Werte von Beplankung und Rippen nach Gleichung (4.72) berücksichtigt werden.

$$k_{mod} = \sqrt{k_{mod,1} \cdot k_{mod,2}} \tag{4.72}$$

Die Tragfähigkeit von Verbindungsmitteln an den Plattenrändern sollte mit dem Faktor 1,2 erhöht werden.

Bei Wandtafeln mit unterstütztem, horizontalem Stoß und einer Schlankheit von $h/l > 2$ ist die Schubfestigkeit der Wandscheibe unter Horizontallast zur Vermeidung großer Horizontalverformungen um 1/6 abzumindern. Der Schubbeulennachweis der Beplankung darf unter Einhaltung der Bedingung nach Gleichung (4.73) vernachlässigt werden. Dabei ist b_{net} der lichte Pfostenabstand und t die Beplankungsdicke.

$$\frac{b_{net}}{t} \leq 100 \tag{4.73}$$

Für Wandscheiben mit beidseitiger Beplankung darf die Gesamttragfähigkeit einer Wandscheibe aus der Summe der Tragfähigkeiten einer jeden Seite nach Gleichung (4.74) ermittelt werden, sofern die Beplankungen und Verbindungsmittel die gleichen Abmessungen und gleichen Werkstoffeigenschaften aufweisen.

$$f_{v,Rd,ges} = f_{v,Rd,1} + f_{v,Rd,2} \tag{4.74}$$

Weisen die Beplankungen und Verbindungsmittel unterschiedliche Eigenschaften oder Abmessungen auf, so darf die Tragfähigkeit der schwächeren Seite nur zu 75 % nach Gleichung (4.75) angesetzt werden.

$$f_{v,Rd,ges} = f_{v,Rd,1} + 0{,}75 \cdot f_{v,Rd,2} \quad \text{mit } f_{v,Rd,1} > f_{v,Rd,2} \tag{4.75}$$

Werden zusätzlich Verbindungsmittel mit unterschiedlichen Verschiebungsmoduln verwendet, so ist die Tragfähigkeit der schwächeren Seite nur zu 50 % nach Gleichung (4.76) anzusetzen.

$$f_{v,Rd,ges} = f_{v,Rd,1} + 0{,}50 \cdot f_{v,Rd,2} \quad \text{mit } f_{v,Rd,1} > f_{v,Rd,2} \tag{4.76}$$

4.3.6.3 Nachweis der Verankerung

Die oben genannten Nachweise für Wandscheiben sind gemäß EC 5 nur für Wandscheiben mit Endverankerung gültig. Dabei ist die Verankerung über die Randrippe sicherzustellen. Eine Verankerung allein über die Fußrippe erzeugt hohe Zusatzbeanspruchungen rechtwinklig zur Rippenachse, welche über das Nachweisverfahren des EC 5 nicht abgedeckt werden.

Der Verankerungsnachweis wird mit der maßgebenden abhebenden Last $F_{t,d}$ und unter Berücksichtigung stabilisierender Lasten $F_{c,d,st}$ nach Gleichung (4.77) geführt.

$$F_{t,d,dst} - F_{c,d,st} \leq R_d \tag{4.77}$$

Die Ermittlung der Tragfähigkeiten der Endverankerung ist produktabhängig. Daher wird hier auf die entsprechenden Zulassungen der Hersteller verwiesen.

4.3.6.4 Nachweis der Horizontalverformungen

Die Horizontalverformungen am Wandkopf infolge horizontaler Scheibenbeanspruchungen können nach Kapitel 4.3.2 ermittelt werden. Für den Einfluss von Imperfektionen darf eine horizontale Ersatzlast F_{Ed} nach Gleichung (4.78) angesetzt werden. Die Ersatzlast ergibt sich in Abhängigkeit von der vertikalen Belastung q_{Ed} und der Wandlänge l und wirkt als Kräftepaar am oberen und unteren Wandrand auf die aussteifenden Bauteile.

$$F_{Ed} = \frac{q_{Ed} \cdot l}{70} \tag{4.78}$$

Die Gesamtverformung u_{ges} ergibt sich demnach aus der Horizontalverformung infolge Scheibenbeanspruchung u_L und den Imperfektionen u_{Imp}. Die Horizontalverformung ist nach Gleichung (4.79) zu begrenzen.

$$u_{ges} = u_L + u_{Imp} \leq \frac{h}{100} \tag{4.79}$$

Beträgt die Tafellänge $l \geq h/3$ und die Breite der Beplankungsplatten $b \geq h/4$ und ist die Tafel auf einer steifen Unterkonstruktion gelagert, so darf auf den Ansatz von Imperfektionen sowie auf den Nachweis der Horizontalverformungen verzichtet werden. Die Erhöhung der Verbindungsmitteltragfähigkeit um 20 % darf hier nicht angesetzt werden.

5 Bemessungshilfen für Dach- und Deckenscheiben

5.1 Allgemeines

Die veraltete DIN 1052-1:1988 stellte eine Bemessungstabelle für Deckenscheiben zur Verfügung, mit welcher einfache Deckenscheiben ohne rechnerischen Nachweis ausgeführt werden konnten. Seit Einführung der DIN 1052:2004 wurde keine entsprechende Tabelle in die Normenwerke aufgenommen.

Alle zugrundeliegenden Berechnungen werden nach aktuellem Normenstand der EN 1995-1-1 [16] in Verbindung mit zugehöriger Änderung [17] und dem Nationalen Anhang für Deutschland DIN EN 1995-1-1/NA.D [18] (EC 5) unter Anwendung der in Kapitel 3.4 erläuterten Schubfeldtheorie und dem in Kapitel 4.2 erläuterten Bemessungsansatz durchgeführt. Als Grundlage für die Bemessung wird das Prinzip der Grenzzustände in Kombination mit der Methode der Teilsicherheitsbeiwerte nach DIN EN 1990 [10] zusammen mit dem zugehörigen Nationalen Anhang [11], [12] (EC 0) verwendet. Für Einwirkungskombinationen wird DIN EN 1991 [13] in Verbindung mit dem Nationalen Anhang für Deutschland [14] (EC 1) angewandt.

5.2 Tabellen zur Vorbemessung von Dach- und Deckenscheiben

5.2.1 Allgemeines

Grundlage für die Tabellen zur Vorbemessung ist das vereinfachte Bemessungsverfahren für Dach- und Deckenscheiben nach EC 5-1-1 9.2.3. Die nachfolgenden Tabellen gelten nur für Grundrisse ohne oder mit geringen geometrischen Exzentrizitäten. Die stützenden Wände müssen je Richtung die gleiche Steifigkeit aufweisen und jeweils rechtwinklig zur Spannrichtung verlaufen. Zudem dürfen veränderliche Windeinwirkungen keine signifikanten asymmetrischen Belastungen verursachen. Das Gebäude muss unempfindlich gegen solche Belastungen sein, da die Tabellen zur Vorbemessung nur für gleichmäßig verteilte Horizontallasten ausgelegt wurden. Betrachtet wurden nur Deckenscheiben mit dem statischen System von Einfeldträgern. Die Berechnungen wurden für einseitig beplankte Deckenscheiben in den Nutzungsklassen NKL 1 und NKL 2 durchgeführt.

Die Verbindungsmitteltragfähigkeit wurde nach der Johansen-Fließtheorie nach EC 5-1-1 8.2.2 (1) berechnet.

Die Tabellen beziehen sich auf Scheibenstützweiten $l \leq 12{,}50$ m und $l \leq 30$ m mit Nägeln oder Klammern als Verbindungsmittel zwischen Beplankung und Rippen. Als Festigkeitsklasse der Rippen wurde Nadelholz C24 gewählt. Die zugrunde liegenden Scheibenbelastungen resultieren aus den vereinfachten Böengeschwindigkeitsdrücken nach EC 1-1-4 bei einer angenommenen Geschosshöhe von 3,0 m und umfassen sowohl die Druck- als auch die Zugbelastung (Bereiche D und E) in Summe.

Damit ergeben sich für Böengeschwindigkeitsdrücke q_p

- bis $q_p = 0{,}75$ kN/m² eine horizontale Windbelastung von $q_{h,k} = 3{,}0$ kN/m,
- bis $q_p = 1{,}00$ kN/m² eine horizontale Windbelastung von $q_{h,k} = 4{,}0$ kN/m,
- bis $q_p = 1{,}55$ kN/m² eine horizontale Windbelastung von $q_{h,k} = 6{,}5$ kN/m.

Die Tabellen sind jeweils in einen Bereich für Nägel und einen Bereich für Klammern als Verbindungsmittel unterteilt. Je Verbindungsmittelart wird zwischen einer Scheibenhöhe $b \geq 0{,}25 \cdot l$ und $b \geq 0{,}50 \cdot l$ unterschieden. Jede Scheibe wird an beiden Gurten durch gleichmäßig verteilte Streckenlasten infolge Winddruck und Windsog beansprucht, sodass die rechnerische Scheibenhöhe mit maximal 50 % der Scheibenstützweite nach EC 5, NCI Zu 9.2.3.2 (NA.8) angesetzt werden darf, da ein Nachweis der Lasteinleitung nicht berücksichtigt wurde.

Die Tabellen sind auf die Verwendung möglichst geringer Beplankungsdicken ausgelegt.

5.2.2 Tabellen zur Vorbemessung für Scheiben ohne rechnerischen Nachweis

Für die Mindestdicken der Platten gelten in Abhängigkeit von der Scheibenstützweite, der Nutzungsklasse, der maximalen Horizontalbelastung sowie des Beplankungswerkstoffes Tabelle 5.1 bis Tabelle 5.6. Die Tabellen sind nur für die Vorbemessung von Dach- und Deckenscheiben anwendbar, bei denen die Innenrippen orthogonal zur längsten Scheibenabmessung verlaufen. Die angegebenen Horizontallasten gelten für eine Lasteinleitung sowohl parallel als auch rechtwinklig zu den Innenrippen.

Freie Plattenstöße sind rechtwinklig zu den Innenrippen zulässig, sofern die Scheibenstützweite $l \leq 12{,}50$ m beträgt und die charakteristische Horizontallast $q_{h,k}$ 3,0 kN/m nicht übersteigt. Andernfalls sind alle Plattenstöße zu unterstützen und schubsteif auszubilden. Jede Platte muss eine jeweilige Seitenlänge von mindestens 1,0 m aufweisen. Die angegebenen Verbindungsmittelabstände sind an allen nicht freien Plattenrändern der Tafel einzuhalten. Klammern müssen mit einem Winkel von mindestens 30° zwischen Klammerrücken und Faserrichtung eingebracht werden.

In Tabelle 5.1 bis Tabelle 5.6 wurden alle Nachweise zur Scheibentragwirkung von Dach- und Deckentafeln berücksichtigt. Die in diesem Abschnitt angegebenen Ausführungsbedingungen und die Verbindungsmittelabstände zum Plattenrand nach EC 5, 8.3 - 8.4 sowie die konstruktiven Anforderungen nach EC 5, 10.8.1 sind zu beachten.

Ein Nachweis der Tafeldurchbiegung kann bei Einhaltung aller Randbedingungen der Tabellen entfallen. Es gelten dazu die Bestimmungen nach EC 5-1-1, NCI Zu 9.2.3.2 (NA.12). Ein Nachweis der Dach- und Deckentafeln für Plattenbeanspruchungen ist separat zu führen.

Tabelle 5.1: Vorbemessung von Deckenscheiben: NKL 1; $q_{h,k} \leq 3{,}0$ kN/m

Beplankungswerkstoff	max. Scheiben-stützweite [m]	Nägel als Verbindungsmittel						Klammern als Verbindungsmittel					
		Scheibenhöhe b ≥ 0,25 l			Scheibenhöhe b ≥ 0,50 l			Scheibenhöhe b ≥ 0,25 l			Scheibenhöhe b ≥ 0,50 l		
		min. d_p [mm]	min. d_{VM} [mm]	max. a_v [mm]	min. d_p [mm]	min. d_{VM} [mm]	max. a_v [mm]	min. d_p [mm]	min. d_{VM} [mm]	max. a_v [mm]	min. d_p [mm]	min. d_{VM} [mm]	max. a_v [mm]
Faserplatte HB.HLA2, MBH.LA2	≤ 12,5	12,5	2,7	45	12,5	2,7	90	12,5	2,0	70			
	≤ 30,0		2,7	65	12,5	2,7	100		2,0	80			
OSB/2, OSB/3, OSB/4 Spanplatte P4, P5,P6, P7	≤ 12,5	12,5	2,7	30	12,5	2,7	60	12,5	2,0	50			
	≤ 30,0		2,7	45	12,5	2,7	90		2,0	80			
Sperrholz F20/10 E40/20, F20/15 E30/25 $\rho_k \geq 350$ kg/m³	≤ 12,5	18,0	2,7	30	12,5	2,7	60	18,0	2,0	50	12,5	2,0	80
	≤ 30,0	15,0	2,7	40	12,5	2,7	85	15,0	2,0	70			
Sperrholz F40/30 E60/40, F50/25 E70/25, F60/10 E90/10 $\rho_k \geq 600$ kg/m³	≤ 12,5	12,5	2,7	30	12,5	2,7	65	12,5	2,0	55			
	≤ 30,0		2,7	50	12,5	2,7	100		2,0	80			
zementgeb. Spanplatten, technische Klassen 1 & 2	≤ 12,5	12,5	2,7	35	12,5	2,7	70	12,5	2,0	60			
	≤ 30,0		2,7	55	12,5	2,7	100		2,0	80			

Tabelle 5.2: Vorbemessung von Deckenscheiben: NKL 1; $q_{h,k} \leq 4{,}0$ kN/m

Beplankungswerkstoff	max. Scheiben-stützweite [m]	Nägel als Verbindungsmittel						Klammern als Verbindungsmittel					
		Scheibenhöhe b ≥ 0,25 l			Scheibenhöhe b ≥ 0,50 l			Scheibenhöhe b ≥ 0,25 l			Scheibenhöhe b ≥ 0,50 l		
		min. d_p [mm]	min. d_{VM} [mm]	max. a_v [mm]	min. d_p [mm]	min. d_{VM} [mm]	max. a_v [mm]	min. d_p [mm]	min. d_{VM} [mm]	max. a_v [mm]	min. d_p [mm]	min. d_{VM} [mm]	max. a_v [mm]
Faserplatte HB.HLA2, MBH.LA2		12,5	2,7	50	12,5	2,7	100	12,5	2,0	80			
OSB/2, OSB/3, OSB/4 Spanplatte P4, P5,P6, P7		12,5	2,7	35	12,5	2,7	70	12,5	2,0	60			
Sperrholz F20/10 E40/20, F20/15 E30/25 $\rho_k \geq 350$ kg/m³	≤ 30,0	18,0	2,7	35	12,5	2,7	60	18,0	2,0	55	12,5	2,0	80
Sperrholz F40/30 E60/40, F50/25 E70/25, F60/10 E90/10 $\rho_k \geq 600$ kg/m³		12,5	2,7	35	12,5	2,7	75	12,5	2,0	60			
zementgeb. Spanplatten, technische Klassen 1 & 2		12,5	2,7	40	12,5	2,7	80	12,5	2,0	65			

Tabelle 5.3: Vorbemessung von Deckenscheiben: NKL 1; $q_{h,k} \leq 6{,}5$ kN/m

Beplankungswerkstoff	max. Scheiben-stützweite [m]	Nägel als Verbindungsmittel						Klammern als Verbindungsmittel					
		Scheibenhöhe $b \geq 0{,}25\ l$			Scheibenhöhe $b \geq 0{,}50\ l$			Scheibenhöhe $b \geq 0{,}25\ l$			Scheibenhöhe $b \geq 0{,}50\ l$		
		min. d_p [mm]	min. d_{VM} [mm]	max. a_v [mm]	min. d_p [mm]	min. d_{VM} [mm]	max. a_v [mm]	min. d_p [mm]	min. d_{VM} [mm]	max. a_v [mm]	min. d_p [mm]	min. d_{VM} [mm]	max. a_v [mm]
Faserplatte HB.HLA2, MBH.LA2		12,5	2,7	30	12,5	2,7	60	12,5	2,0	50	12,5	2,0	80
OSB/2, OSB/3, OSB/4 Spanplatte P5, P6, P7		18,0	3,0	30	12,5	2,7	40	15,0	2,0	40	12,5	2,0	75
Spanplatte P4		18,0	3,0	30	12,5	2,7	40	18,0	2,0	40	12,5	2,0	75
Sperrholz F20/10 E40/20, F20/15 E30/25 $\rho_k \geq 350$ kg/m^3	≤ 30,0	25,0	3,0	30	15,0	2,7	40	25,0	2,0	40	15,0	2,0	65
Sperrholz F40/30 E60/40, F50/25 E70/25, F60/10 E90/10 $\rho_k \geq 600$ kg/m^3		15,0	3,0	30	12,5	2,7	45	12,5	2,0	35	12,5	2,0	75
zementgeb. Spanplatten, technische Klassen 1 & 2		15,0	3,0	30	12,5	2,7	50	15,0	2,0	45	12,5	2,0	80

Tabelle 5.4: Vorbemessung von Deckenscheiben: NKL 2; $q_{h,k} \leq 3{,}0$ kN/m

Beplankungswerkstoff	max. Scheiben-stützweite [m]	Nägel als Verbindungsmittel						Klammern als Verbindungsmittel					
		Scheibenhöhe b ≥ 0,25 l			Scheibenhöhe b ≥ 0,50 l			Scheibenhöhe b ≥ 0,25 l			Scheibenhöhe b ≥ 0,50 l		
		min. d_p [mm]	min. d_{VM} [mm]	max. a_v [mm]	min. d_p [mm]	min. d_{VM} [mm]	max. a_v [mm]	min. d_p [mm]	min. d_{VM} [mm]	max. a_v [mm]	min. d_p [mm]	min. d_{VM} [mm]	max. a_v [mm]
Faserplatte HB.HLA2	≤ 12,5	12,5	2,7	35	12,5	2,7	75	12,5	2,0	60	12,5	2,0	80
	≤ 30,0			55			100			80			
OSB/3, OSB/4	≤ 12,5	15,0	2,7	30	12,5	2,7	55	15,0	2,0	55			
	≤ 30,0	12,5		40			85	12,5		75			
Spanplatte P5, P7	≤ 12,5	15,0	2,7	30	12,5	2,7	50	15,0	2,0	50			
	≤ 30,0	12,5		40			80	12,5		70			
Sperrholz F20/10 E40/20, F20/15 E30/25 $\rho_k \geq 350$ kg/m³	≤ 12,5	18,0	2,7	30	12,5	2,7	50	18,0	2,0	50			
	≤ 30,0	15,0		40			80	15,0		70			
Sperrholz F40/30 E60/40, F50/25 E70/25, F60/10 E90/10 $\rho_k \geq 600$ kg/m³	≤ 12,5	12,5	2,7	30	12,5	2,7	65	15,0	2,0	60			
	≤ 30,0			55			100	12,5		80			
zementgeb. Spanplatten, technische Klassen 1 & 2	≤ 12,5	15,0	2,7	35	12,5	2,7	60	15,0	2,0	55			
	≤ 30,0	12,5		45			90	12,5		75			

Tabelle 5.5: Vorbemessung von Deckenscheiben: NKL 2; $q_{h,k} \leq 4{,}0$ kN/m

Beplankungswerkstoff	max. Scheiben-stützweite [m]	Nägel als Verbindungsmittel						Klammern als Verbindungsmittel					
		Scheibenhöhe b ≥ 0,25 l			Scheibenhöhe b ≥ 0,50 l			Scheibenhöhe b ≥ 0,25 l			Scheibenhöhe b ≥ 0,50 l		
		min. d_p [mm]	min. d_{VM} [mm]	max. a_v [mm]	min. d_p [mm]	min. d_{VM} [mm]	max. a_v [mm]	min. d_p [mm]	min. d_{VM} [mm]	max. a_v [mm]	min. d_p [mm]	min. d_{VM} [mm]	max. a_v [mm]
Faserplatte HB.HLA2	≤ 30,0	12,5	2,7	40	12,5	2,7	85	12,5	2,0	70	12,5	2,0	80
OSB/3, OSB/4		15,0	2,7	35	12,5	2,7	65	15,0	2,0	60			
Spanplatte P5		15,0	2,7	30	12,5	2,7	60	15,0	2,0	55			
Spanplatte P7		12,5	2,7	30	12,5	2,7	60	12,5	2,0	55			
Sperrholz F20/10 E40/20, F20/15 E30/25 $\rho_k \geq 350$ kg/m³		18,0	2,7	35	12,5	2,7	60	18,0	2,0	55			
Sperrholz F40/30 E60/40, F50/25 E70/25, F60/10 E90/10 $\rho_k \geq 600$ kg/m³		12,5	2,7	35	12,5	2,7	75	12,5	2,0	60			
zementgeb. Spanplatten, technische Klassen 1 & 2		15,0	2,7	35	12,5	2,7	70	15,0	2,0	60			

Tabelle 5.6: Vorbemessung von Deckenscheiben: NKL 2; $q_{h,k} \leq 6{,}5$ kN/m

Beplankungswerkstoff	max. Scheiben-stützweite [m]	Nägel als Verbindungsmittel						Klammern als Verbindungsmittel					
		Scheibenhöhe $b \geq 0{,}25\ l$			Scheibenhöhe $b \geq 0{,}50\ l$			Scheibenhöhe $b \geq 0{,}25\ l$			Scheibenhöhe $b \geq 0{,}50\ l$		
		min. d_p [mm]	min. d_{VM} [mm]	max. a_v [mm]	min. d_p [mm]	min. d_{VM} [mm]	max. a_v [mm]	min. d_p [mm]	min. d_{VM} [mm]	max. a_v [mm]	min. d_p [mm]	min. d_{VM} [mm]	max. a_v [mm]
Faserplatte HB.HLA2	≤ 30,0	12,5	3,0	30	12,5	2,7	50	12,5	2,0	40	12,5	2,0	80
OSB/3, OSB/4		18,0	3,4	30	12,5	2,7	40	18,0	2,0	35	12,5	2,0	65
Spanplatte P5		22,0	3,8	35	12,5	2,7	35	18,0	2,0	35	12,5	2,0	70
Spanplatte P7		20,0	3,8	35	12,5	2,7	40	15,0	2,0	35	12,5	2,0	75
Sperrholz F20/10 E40/20, F20/15 E30/25 $\rho_k \geq 350$ kg/m³		20,0	3,4	30	15,0	2,7	40	25,0	2,0	40	15,0	2,0	65
Sperrholz F40/30 E60/40, F50/25 E70/25, F60/10 E90/10 $\rho_k \geq 600$ kg/m³		12,5	3,4	30	12,5	2,7	45	12,5	2,0	40	12,5	2,0	75
zementgeb. Spanplatten, technische Klassen 1 & 2		18,0	3,4	30	12,5	2,7	40	18,0	2,0	40	12,5	2,0	70

Literaturverzeichnis

Normen

[1] DIN 1052-1:1988-04: Holzbauwerke – Berechnung und Ausführung.

[2] DIN 1052-3:1988-04: Holzbauwerke – Holzhäuser in Tafelbauart – Berechnung und Ausführung.

[3] DIN 1052:2004-08: Entwurf, Berechnung und Bemessung von Holzbauwerken – Allgemeine Bemessungsregeln und Bemessungsregeln für den Hochbau.

[4] DIN 1052:2008-12: Entwurf, Berechnung und Bemessung von Holzbauwerken – Allgemeine Bemessungsregeln und Bemessungsregeln für den Hochbau.

[5] DIN 1052 Berichtigung 1:2010-05: Entwurf, Berechnung und Bemessung von Holzbauwerken – Berichtigung zu DIN 1052:2008-12.

[6] DIN 18180:2014-09: Gipsplatten – Arten und Anforderungen.

[7] DIN 18182-2:2010-02: Zubehör für die Verarbeitung von Gipsplatten – Schnellbauschrauben, Klammern und Nägel.

[8] DIN 20000-1:2013-08: Anwendung von Bauprodukten in Bauwerken – Teil 1: Holzwerkstoffe.

[9] DIN EN 338:2010-02: Bauholz für tragende Zwecke – Festigkeitsklassen.

[10] DIN EN 1990:2010-12: Grundlagen der Tragwerksplanung.

[11] DIN EN 1990/NA.D:2010-12: Grundlagen der Tragwerksplanung.

[12] DIN EN 1990/NA.D/A1:2012-08: Grundlagen der Tragwerksplanung Änderung von DIN EN 1990/NA.D:2010-12.

[13] DIN EN 1991:2010-12: Einwirkungen auf Tragwerke – Teile 1-1 bis 1-7.

[14] DIN EN 1991/NA.D:2010-12: Einwirkungen auf Tragwerke – Teile 1-1 bis 1-7.

[15] DIN EN 1991-1-4:2010-12: Einwirkungen auf Tragwerke – Allgemeine Einwirkungen – Windlasten.

[16] DIN EN 1995-1-1:2010-12: Bemessung und Konstruktion von Holzbauten – Allgemeine Regeln und Regeln für den Hochbau.

[17] DIN EN 1995-1-1/A2:2014-07: Bemessung und Konstruktion von Holzbauten – Änderung von DIN EN 1995-1-1:2010-12.

[18] DIN EN 1995-1-1/NA.D:2013-08: Bemessung und Konstruktion von Holzbauten – Allgemeines – Allgemeine Regeln und Regeln für den Hochbau.

[19] DIN EN 12369-1:2001-04: Charakteristische Werte für die Berechnung und Bemessung von Holzbauwerken – Teil 1: OSB, Spanplatten und Faserplatten.

[20] DIN EN 13986:2005-03: Holzwerkstoffe zur Verwendung im Bauwesen Eigenschaften, Bewertung der Konformität und Kennzeichnung.

Textquellen

[21] BATRAN, BALDER/BLÄSI, HERBERT/FREY, VOLKER (et al.) (2002): Lernfeld Bautechnik – Fachstufen Zimmerer. Handwerk und Technik, Hamburg

[22] BLASS, H. J./EHLBECK, J./KREUZINGER, H. (et al.); Hrsg.: Deutsche Gesellschaft für Holzforschung (2005): Erläuterungen zu DIN 1052: 2004-08: Entwurf, Berechnung und Bemessung von Holzbauwerken. 2. Aufl.; DGfH Innovations- und Service GmbH, München

[23] Hrsg.: Bund Deutscher Zimmermeister (BDZ) im Zentralverband des Deutschen Baugewerbes e.V. (2007): Holzrahmenbau. 4. Aufl.; Bruderverlag, Karlsruhe

[24] COLLING, FRANÇOIS (2011): Aussteifung von Gebäuden in Holztafelbauart. 1. Aufl.; Ingenieurbüro Holzbau GmbH & Co. KG, Karlsruhe

[25] COLLING, FRANÇOIS (2012): Gebäudeaussteifung bei Gebäuden in Holztafelbauart. In: Der Bausachverständige, Ausg. 4/2012, Bd. 8, S. 16–21, Bundesanzeiger Verlag / Fraunhofer IRB Verlag

[26] COLLING, FRANÇOIS (2014): Holzbau – Grundlagen und Bemessung nach EC 5. 4. Aufl.; Springer Vieweg, Wiesbaden

[27] CZIESIELSKI, ERICH (1982): Stabilität von Holzhäusern unter Horizontalbelastung. In: Bauen mit Holz, Ausg. 7/82, Bd. 84, S. 446–450

[28] CZIESIELSKI, ERICH/HENRICI, DIETHELM/RAABE, BERND (et al.) (1984): Konstruktion und Berechnung von Holzhäusern in Tafelbauart. In: Kontakt & Studium, Bd. 122, Expert Verlag, Grafenau/Württ.

[29] DETTMANN, OLAF J. P. (2003): Entwicklung von Modellen zur Abschätzung der Steifigkeit und Tragfähigkeit von Holztafeln. Dissertation, Braunschweig

[30] Hrsg.: DIN Deutsches Institut für Normung e.V. (2012): Handbuch Eurocode 5 – Holzbau. Beuth Verlag GmbH, Berlin

[31] HALL, CHRISTOPH (2012): Methoden zur elastischen und plastischen Modellierung von scheibenartig beanspruchten Holztafeln. Dissertation, Braunschweig

[32] HOLZBAU DEUTSCHLAND, BUND DEUTSCHER ZIMMERMEISTER (2011): Aussteifungssysteme: Grundlagen. In: Technik im Holzbau, Ausg. 08.2011, 1. Aufl., Fördergesellschaft Holzbau und Ausbau [u.a.], Berlin

[33] JUNG, PIRMIN/STEIGER, RENE/WENK, THOMAS (2008): Erdbebengerechtes Entwerfen und Konstruieren von mehrgeschossigen Holzbauten. In: Lignatec, Ausg. 23/2008, S. 1–23, LIGNUM – Holzwirtschaft Schweiz

[34] KESSEL, M. H./DRÜCKER, K. (1996): Zur Verankerung der Wandscheiben von Holzhäusern bei Windeinwirkung. In: Bauen mit Holz, Ausg. 10/96, Bd. 98, S. 779–782

[35] KESSEL, M. H. (2001): Aussteifung von Holzhäusern – Tragverhalten von Dächern (1). In: Mikado, Ausg. 1/2001, S. 46–53

[36] KESSEL, M. H. (2001): Aussteifung von Holzhäusern – Dächer (2). In: Mikado, Ausg. 2/2001, S. 40–43

[37] KESSEL, M. H. (2001): Aussteifung von Holzhäusern – Wandtafeln (3). In: Mikado, Ausg. 3/2001, S. 40–44

[38] KESSEL, M. H./HUSE, M./AUGUSTIN, R. (2001): Einfluß der Verbindungsmittelabstände auf die Tragfähigkeit von Wandtafeln. Schlussbericht an die Arbeitsgruppe Innovative Projekte AGIP beim Ministerium für Wissenschaft und Kultur des Landes Niedersachsen, Labor für Holztechnik LHT, Hildesheim

[39] KESSEL, M. H./SCHÖNHOFF, THEO (2001): Entwicklung eines Nachweisverfahrens für Scheiben auf der Grundlage von Eurocode 5 und DIN 1052 neu [Abschlussbericht]. In: Bauforschung, Bd. T 2956, Fraunhofer-IRB-Verlag, Stuttgart

[40] KESSEL, M. H. (2001): Tafeln. In: Tagungsband 2001 der Karlsruher Holzbautage, S. 49–78, Bruderverlag, Karlsruhe

[41] KESSEL, M. H. / SANDAU-WIETFELDT, M. (2003): Erweiterung der Einsatzmöglichkeiten dünner Holzwerkstoffplatten für den Holzbau. Integrierter Umweltschutz in der Holzwirtschaft. Schlussbericht an das Bundesministerium für Bildung und Forschung, Institut für Baukonstruktion und Holzbau, Technische Universität Braunschweig

[42] KESSEL, M. H. (2003): Tafeln – Eine elastische, geometrisch lineare Beschreibung. In: Holzbau Kalender 2003, S. 599–632, Bruderverlag, Karlsruhe

[43] KESSEL, M. H.; (2009): Entwicklung einer Traglasttheorie für Holztafeln. Abschlussbericht zum DFG-Forschungsvorhaben KE901/4-1, Technische Universität Braunschweig

[44] MEYER, ULRICH; (2004): Ein Beitrag zur Bemessung von Holzrahmenbauwänden mit der Methode der Finiten Elemente. Dissertation, Weimar

[45] NEBGEN, NIKOLAUS / PETERSON, LEIF A. (2014): Holzbau kompakt nach Eurocode 5. 4. Aufl.; Beuth Verlag, Berlin

[46] SANDAU-WIETFELDT, MARC; (2008): Modelle für die Tragfähigkeit von Holztafeln mit beulgefährdeter Beplankung. Dissertation, Braunschweig

[47] SCHOPBACH, HOLGER (2005): Horizontalaussteifung nach der neuen DIN 1052 – Wände. In: Holzbau Die Neue Quadriga, Ausg. 6/2005, S. 16–19

[48] SCHOPBACH, HOLGER (2006): Horizontalaussteifung nach der neuen DIN 1052 – Dach- und Deckentafeln. In: Holzbau Die Neue Quadriga, Ausg. 1/2006, S. 29–32

[49] STEINMETZ, D. (1988): Die Aussteifung von Holzhäusern am Beispiel des Holzrahmenbaues. In: Bauen mit Holz, Ausg. 12/88, Bd. 90, S. 842–851

[50] WITTE, BERTOLD / SCHMIDT, HUBERT (2006): Vermessungskunde und Grundlagen der Statistik für das Bauwesen. 6. Aufl.; Herbert Wichmann Verlag, Heidelberg

[51] ZUR KAMMER, THORSTEN (2006): Zum räumlichen Tragverhalten mehrgeschossiger Gebäude in Holztafelbauart. Dissertation, Braunschweig

Abbildungsverzeichnis

Tabellenverzeichnis